科学是永无止境的，它是一个永恒

U0243911

《"中国制造 2025" 出版工程》
编 委 会

"中国制造2025"
出版工程

"十三五"国家重点出版物
出版规划项目

机电产品
智能化装配技术

陈继文　杨红娟　张进生　著

化学工业出版社

·北 京·

本书围绕机电产品装配，重点阐述了借助人工智能技术提升机电产品装配规划的能力，实现机电产品智能化装配的关键技术。本书共8章，第1~3章详细介绍了智能化装配及人工智能技术的相关基础知识；第4~8章结合实例展示了人工智能技术在机电产品装配中的应用，如面向装配序列智能规划的时空语义知识建模与知识获取、基于知识检索与规则推理的装配规划、基于神经网络的产品装配规划及其仿真、装配生产线数学模型、重卡装配生产线的调度优化设计与装配车间3D仿真等，内容由浅入深，循序渐进，理论结合实际，实用性强，是人工智能与制造技术深度融合的典型范例。

本书可供从事数字化设计与制造等领域研究的科研人员以及从事计算机集成制造的企业界科技工作者阅读，也可作为高等院校机械工程、自动化及计算机应用等专业高年级本科生和研究生的参考用书。

图书在版编目（CIP）数据

机电产品智能化装配技术/陈继文，杨红娟，张进生著.—北京：化学工业出版社，2020.1

"中国制造2025"出版工程

ISBN 978-7-122-35564-5

Ⅰ.①机… Ⅱ.①陈…②杨…③张… Ⅲ.①机电设备-工业产品-装配（机械） Ⅳ.①TH163

中国版本图书馆CIP数据核字（2019）第252401号

责任编辑：曾　越　张兴辉　　　　　　　　　　　文字编辑：陈　喆
责任校对：宋　玮　　　　　　　　　　　　　　　装帧设计：尹琳琳

出版发行：化学工业出版社（北京市东城区青年湖南街13号　邮政编码100011）
印　　装：三河市延风印装有限公司
710mm×1000mm　1/16　印张15¾　字数294千字　2020年4月北京第1版第1次印刷

购书咨询：010-64518888　　　　　　　　　　　售后服务：010-64518899
网　　址：http://www.cip.com.cn
凡购买本书，如有缺损质量问题，本社销售中心负责调换。

定　　价：89.00元

序

　　制造业是国民经济的主体，是立国之本、兴国之器、强国之基。 近十年来，我国制造业持续快速发展，综合实力不断增强，国际地位得到大幅提升，已成为世界制造业规模最大的国家。 但我国仍处于工业化进程中，大而不强的问题突出，与先进国家相比还有较大差距。 为解决制造业大而不强、自主创新能力弱、关键核心技术与高端装备对外依存度高等制约我国发展的问题，国务院于 2015 年 5 月 8 日发布了"中国制造 2025"国家规划。 随后，工信部发布了"中国制造 2025"规划，提出了我国制造业"三步走"的强国发展战略及 2025 年的奋斗目标、指导方针和战略路线，制定了九大战略任务、十大重点发展领域。 2016 年 8 月 19 日，工信部、国家发展改革委、科技部、财政部四部委联合发布了"中国制造 2025"制造业创新中心、工业强基、绿色制造、智能制造和高端装备创新五大工程实施指南。

　　为了响应党中央、国务院做出的建设制造强国的重大战略部署，各地政府、企业、科研部门都在进行积极的探索和部署。 加快推动新一代信息技术与制造技术融合发展，推动我国制造模式从"中国制造"向"中国智造"转变，加快实现我国制造业由大变强，正成为我们新的历史使命。 当前，信息革命进程持续快速演进，物联网、云计算、大数据、人工智能等技术广泛渗透于经济社会各个领域，信息经济繁荣程度成为国家实力的重要标志。 增材制造（3D 打印）、机器人与智能制造、控制和信息技术、人工智能等领域技术不断取得重大突破，推动传统工业体系分化变革，并将重塑制造业国际分工格局。 制造技术与互联网等信息技术融合发展，成为新一轮科技革命和产业变革的重大趋势和主要特征。 在这种中国制造业大发展、大变革背景之下，化学工业出版社主动顺应技术和产业发展趋势，组织出版《"中国制造 2025"出版工程》丛书可谓勇于引领、恰逢其时。

　　《"中国制造 2025"出版工程》丛书是紧紧围绕国务院发布的实施制造强国战略的第一个十年的行动纲领——"中国制造 2025"的一套高水平、原创性强的学术专著。 丛书立足智能制造及装备、控制及信息技术两大领域，涵盖了物联网、大数据、3D 打印、机器人、智能装备、工业网络安全、知识自动化、人工智能等一系列核心技术。丛书的选题策划紧密结合"中国制造 2025"规划及 11 个配套实施指南、行动计划或专项规划，每个分册针对各个领域的一些核心技术组织内容，集中体现了国内制造业领域的技术发展成果，旨在加强先进技术的研发、推广和应用，为"中国制造 2025"行动纲领的落地生根提供了有针对性的方向引导和系统性的技术参考。

这套书集中体现以下几大特点：

首先，丛书内容都力求原创，以网络化、智能化技术为核心，汇集了许多前沿科技，反映了国内外最新的一些技术成果，尤其使国内的相关原创性科技成果得到了体现。这些图书中，包含了获得国家与省部级诸多科技奖励的许多新技术，因此，图书的出版对新技术的推广应用很有帮助！这些内容不仅为技术人员解决实际问题，也为研究提供新方向、拓展新思路。

其次，丛书各分册在介绍相应专业领域的新技术、新理论和新方法的同时，优先介绍有应用前景的新技术及其推广应用的范例，以促进优秀科研成果向产业的转化。

丛书由我国控制工程专家孙优贤院士牵头并担任编委会主任，吴澄、王天然、郑南宁等多位院士参与策划组织工作，众多长江学者、杰青、优青等中青年学者参与具体的编写工作，具有较高的学术水平与编写质量。

相信本套丛书的出版对推动"中国制造 2025"国家重要战略规划的实施具有积极的意义，可以有效促进我国智能制造技术的研发和创新，推动装备制造业的技术转型和升级，提高产品的设计能力和技术水平，从而多角度地提升中国制造业的核心竞争力。

中国工程院院士　潘重鹤

前言

  制造业是国民经济的支柱产业和经济增长的发动机，体现了社会生产力的发展水平，是决定国家发展水平的最基本因素之一。全球主要经济体已不约而同地把机械制造业的发展放在首要位置，先后提出了国家性的制造业或工业转型升级战略规划布局。以技术创新引领制造产业升级，智能化已成为制造业高质量发展的必然趋势。智能制造产业的发展成为世界各国竞争的焦点，把握智能制造将是当前各国竞相推动的新一轮产业革命的关键。特别是以人工智能为代表的新一代信息技术爆发式发展，智能技术与制造技术深度融合，将重塑制造业的模式。装配是制造系统的重要组成环节，是产品制造全生命周期中最重要的、耗费精力和时间最多的步骤之一，在很大程度上决定了产品最终质量、制造成本和生产周期。因此，采用先进的人工智能技术，提升产品装配的自动化、智能化程度是新一代智能制造中急需解决的关键问题，具有非常重要的工程意义。

  本书围绕机电产品智能化装配，重点阐述了借助人工智能技术提升机电产品装配规划的能力，实现基于人工智能的机电产品智能化装配的关键技术。全书共分 8章：第 1 章综述了智能制造及其关键技术、智能化装配及其关键技术；第 2 章阐述智能化装配技术基础，着重介绍装配技术基础和装配生产线设计基础；第 3 章论述人工智能技术基础，主要包括知识工程、神经网络及遗传算法等；第 4 章阐述建立时空语义知识本体模型的原则与方法，建立产品时空语义知识模型，系统地研究面向装配序列规划的时空语义知识获取，建立产品时空语义知识系统，实现了基于 Solid-Works 和 CATIA 的产品时空语义知识提取；第 5 章研究基于知识检索与规则推理的装配规划，主要包括系统框架设计、基于本体检索与推理的装配规划、装配规划的评价及筛选及其在直线电动机装配中的应用；第 6 章建立面向装配规划的装配模型，进行基于神经网络的装配规划与仿真；第 7 章阐述生产调度理论，研究重卡装配生产线设计与调度，建立重卡柔性装配生产线数学模型并进行优化；第 8 章进行重卡装配生产线的数据采集与处理，进行基于遗传算法的重卡装配生产线调度优化仿真及装配车间的 3D 仿真。

本书由陈继文、杨红娟、张进生著，崔嘉嘉、吕洋、王琛、王凯、尹国运、周金林等的研究成果为本书的形成做出了贡献。感谢山东建筑大学机电工程学院、山东省绿色制造工艺及其智能装备工程技术研究中心的支持。

鉴于著者学术水平有限，一些学术观点的不妥之处恳请专家、学者指正。书中文法的欠妥之处，恳请读者指正。

本书承蒙国家自然科学基金项目(61303087)、山东省重大科技创新工程项目（2019JZZY010455）、山东省重点研发计划项目(2019GGX104095)、山东省研究生导师能力提升计划项目（SDYY18130）的支持，在此致谢。

著者

2019 年 5 月

目录

95　第 4 章　面向装配序列智能规划的时空语义知识建模与获取

202　第8章　装配生产线调度仿真

230　参考文献

第1章

智能制造及智能化装配

1.1　智能制造及其关键技术

1.1.1　智能制造的背景与意义

制造业是国民经济的支柱产业和经济增长的发动机，体现了社会生产力的发展水平，是决定国家发展水平的最基本因素之一。中国工业增加值占 GDP 比重一直维持在 40% 以上，中国经济崛起中最重要的因素就是制造业腾飞。同期，美、日、德三强的工业增加值占比均超过 20%，以制造业为核心的工业仍然是国民经济的压舱石。在国际竞争日益激烈的今天，没有强大的制造业就不可能实现生产力的跨越式发展。制造业是高新技术产业化的载体和技术创新的主战场。核技术、空间技术、信息技术、生物技术等都是通过制造业的发展转化为规模生产力的，进而产生了诸如核电站、人造卫星、航天飞机、大规模集成电路、科学仪器、智能机器人、生物反应器、医疗仪器等，形成了制造业中的高新技术产业。全球主要经济体已不约而同地把机械制造业的发展放在首要位置，先后提出了国家性的制造业或工业转型升级战略规划布局，如美国的"先进制造业国家战略计划"、德国的"工业 4.0"、日本的"智能制造系统 IMS"、欧盟的"IMS 2020 计划"、我国的"中国制造 2025"以及英国的"工业 2050 战略"等。我国已成为世界制造业大国，在核电、航天、高铁、信息通信等领域具有全球竞争力。然而，我国中高端制造业增长面临的考验、制造业提质升级的任务、落实制造业高质量发展的需求，都对先进制造业提出了新的要求。

以技术创新引领制造产业升级，智能化已成为制造业高质量发展的必然趋势。智能制造产业的发展成为世界各国竞争的焦点，把握智能制造将是当前各国竞相推动的新一轮产业革命的关键。美国、英国的"再工业化"，重视发展高技术的制造业；德国、日本竭力保持在智能制造产品领域的优势。当前各国制造业转型升级的战略规划侧重有所不同，美国意在通过工业互联网实现数据与信息的获取、建模、应用、分析，德国侧重物理网络系统（CPS）的应用和生产新业态，中国则强调工业化和信息化深度融合。信息化与工业化的融合，使得自感知、自诊断、自优化、自决策、自执行的高度柔性生产方式成为可能。特别是以人工智能为代表的新一代信息技术爆发式发展，智能技术与制造技术深度融合，将重塑制造业的模式，为实体经济"增质""增效"。发展智能制造既符合我国制造业发展的内在要求，也是重塑我国制造业新优势和实现制造业转型升级的新方向、新趋势。习近平总书记指出："继续做好信息化和工业化深度融合这篇大文章，推动制造业加速向数字化、网络化、智能化发展。"为我国智能制造发展指明了主攻方向。

1.1.2　智能制造的概念

智能制造（intelligent manufacturing，IM）在 20 世纪 80 年代由美国 Purdue 大学智能制造国家工程中心（IMS-ERC）提出并实施。该中心以研究人工智能在制造领域的应用为出发点，开发了面向制造过程中特定环节、特定问题的智能单元，包括智能设计，智能工艺过程编制，生产过程的智能调度，智能检测、诊断及补偿，加工过程的智能控制，智能质量控制等 40 多个制造智能化单元系统。在 IM 领域，最具代表的为日本在 1993 年 2 月正式实施的"智能制造系统 IMS"国际合作研究计划，美国、欧洲共同体、加拿大、澳大利亚等参加了该项计划。该计划共计划投资 10 亿美元，把日本工厂和车间的专业技术与欧洲共同体的精密工程技术、美国的系统技术充分地结合起来，开发出能使人和智能设备都不受生产操作和国界限制且彼此合作的高技术生产系统，对 100 个项目实施前期科研计划。我国国家自然科学基金重点项目"智能制造技术基础的研究"在 1994 年正式实施，由华中理工大学、南京航空航天大学、西安交通大学和清华大学共同承担，研究内容为 IM 基础理论、智能化单元技术（如智能设计、智能工艺规划、智能制造、智能数控技术、智能质量保证等）、智能机器（如智能机器人、智能加工中心）等。

智能制造是人工智能技术和制造技术结合的产物。有关智能制造的概念在中国机械工程学会 2011 年制订的《中国机械工程技术路线图》中指出：智能制造是研究制造活动中的信息感知与分析、知识表达与学习、智能决策与执行的一门综合交叉技术。科技部于 2012 年组织编制的《智能制造科技发展"十二五"专项规划》中指出：智能制造是面向产品全生命周期，实现泛在感知条件下的信息化制造。科普中国・科学百科指出：智能制造是一种由智能机器和人类专家共同组成的人机一体化智能系统，它在制造过程中能进行智能活动，诸如分析、推理、判断、构思和决策等。李培根院士从智能制造的本质特征出发，给出一个智能制造的普适定义："面向产品的全生命周期，以新一代信息技术为基础，以制造系统为载体，在其关键环节或过程，具有一定自主性的感知、学习、分析、决策、通信与协调控制能力，能动态地适应制造环境的变化，从而实现某些优化目标"。谭建荣院士指出："智能制造是智能技术与制造技术的融合，用智能技术解决制造的问题，是指对产品全生命周期中设计、加工、装配等环节的制造活动进行知识表达与学习、信息感知与分析、智能决策与执行，实现制造过程、制造系统与制造装备的知识推理、动态传感与自主决策。"由上可知，智能制造涉及产品全生命周期中各环节的制造活动，包括智能设计、智能加工、智能装配三大关键环节。由知识库/知识工程、动态传感与自主决策，构成了智能制造的三大核心。在制造过程的各个环节几乎都广泛应用人工智能技术。专家系统技术可以用于工程设计、工艺过程设计、生产调度和故障诊断等。也可以将神经网络和模糊控制技术等先进的计算机智能方法应用于产品装配、生产调度等，实现制造过程智能化。

智能制造包含智能制造技术（IMT）和智能制造系统（IMS）。智能制造技术借助人工智能实现制造过程的自感知、自诊断、自适应、自学习，从而实现制造的自动化和智能化。智能制造技术利用计算机模拟制造业领域专家的分析、判断、推理、构思和决策等智能活动，并将这些智能活动与智能机器有机融合起来，将其贯穿应用于整个制造企业的各个子系统（如产品设计、生产计划、制造、装配、质量保证等），以实现制造的高度柔性化和集成化，从而取代或延伸制造业领域专家的部分脑力劳动，并对制造业领域专家的智能信息进行收集、存储、完善、共享、继承和发展，是一种极大提高生产效率的先进制造技术。智能制造技术包括数字化、信息化、自动化、网络化、智能化等智能制造共性基础技术和智能设计、智能加工和装配、智能服务、智能管理等集成应用技术。智能制造系统是指基于 IMT 的、面向生产组织和业务过程的，并在制造活动中表现出相当的智能行为的、高度自主可控的智能平台。利用计算机综合应用人工智能技术（如知识工程、深度学习、人工神经网络等）、智能制造机器、信息技术、自动化技术、系统工程理论与方法，使制造系统的各个子系统分别智能化，形成网络集成的、高度自动化的一种制造系统。按照不同行业产品自身的特点以及覆盖的任务、流程与职能，可分为智能单元、智能生产线、智能车间、智能工厂、智能制造联盟等层次。智能制造系统不仅能够在实践中不断充实知识库，还具有自学习功能，还有搜集与理解环境信息和自身信息，并进行分析判断和规划自身行为的能力。

随着新一代信息技术呈现爆发式增长，新一代人工智能技术实现了战略性突破，新一代人工智能技术与先进制造技术深度融合，形成了新一代智能制造技术，成为新一轮工业革命的主要驱动力与核心技术。中国工程院周济院士指出：新一代智能制造系统最本质的特征是其信息系统增加了认知和学习的功能，人将部分认知与学习型的脑力劳动转移给信息系统，人和信息系统的关系发生了根本性的变化，即从"授之以鱼"发展到"授之以渔"。信息系统不仅具有强大感知、计算分析与控制能力，还具有学习提升、产生知识的能力。新一代智能制造形成了自我学习、自我感知、自适应和自我控制，实现了精确建模和复杂系统的实时优化和决策。新一代智能制造是一个大系统，主要由智能产品、智能生产、智能服务三大功能系统以及智能制造云和工业智联网两大支撑系统集合而成，如图1-1所示。

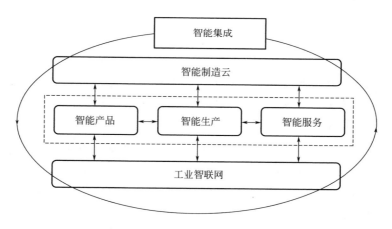

图 1-1　新一代智能制造的系统整合

智能产品是主体，新一代人工智能和新一代智能制造将给产品与制造装备创新带来无限空间，使产品与制造装备产生革命性变化，从"数字一代"整体跃升至"智能一代"；智能生产是主线，智能生产线、智能车间、智能工厂是智能生产的主要载体，实现优质、高效产品制造；以智能服务为核心的产业模式变革是主题，在智能时代，市场、销售、供应、运营维护等产品全生命周期服务，均因物联网、大数据、人工智能等新技术而被赋予全新的内容。同时，随着新一代通信技术、网络技术、云技术和人工智能技术的发展和应用，智能制造云和工业智联网将实现质的飞跃，为新一代智能制造生产力和生产方式变革提供发展的空间和可靠的保障。

1.1.3 智能制造的特征

智能制造通过工业自动化与制造技术的融合，大幅度优化提高生产效率和质量。智能制造技术的发展经历了如下 3 个主要阶段。

（1）第一阶段——车间、企业集成

在这一阶段，典型的制造车间使用信息技术、传感器、智能电机、计算机控制、生产管理软件等来管理每个特定阶段或生产过程的操作。智能制造将工厂企业互连，使整个工厂共享数据。机器收集的数据和人类智慧相互融合，协调制造生产的各个阶段，推进车间级优化和生产效率的提高。

（2）第二阶段——从车间优化到制造智能

这一阶段应用高性能计算平台（云计算）连接各个工厂和企业，进行建模、仿真和数据集成，可以在整个工厂内建立更高水平的制造智能，实现生产节拍变化、柔性制造、最佳生产速度和更快产品定制。企业可以开发先进的模型并模拟生产流程，改善当前和未来的业务流程。

（3）第三阶段——从制造智能到智能服务

这一阶段将广泛应用信息技术来改变商业模式。灵活可重构工厂和工厂最优化供应链将改变生产过程，激励制造过程和产品创新。信息化与自动化厂商的界限变得越来越模糊；在满足零件的强度要求前提下，通过将增材制造与拓扑优化等技术相结合，可以制造出内空的零件，其重量甚至可以减少 70%；物联网技术在实现设备数据采集的基础上，可以进行分析与优化，并与应用软件集成，例如某台设备出现故障时车间排产软件自动不排该设备。

通过将人工智能技术与先进制造技术深度融合，并应用于各个制造子系统，实现制造过程的智能感知、智能推理、智能决策和智能控制，可显著提高整个制造系统的自动化和柔性化程度。在智能制造技术基础上构建智能制造系统，"信息深度自感知""智慧优化自决策"与"精准控制自执行"是智能制造系统的重要特征。

① 信息深度自感知系统　智能制造系统中的制造装备具有对自身状态与环境的感知能力。对制造车间人员、设备、工装、物料、刀具、量具等多类制造要素进行全面感知，完成制造过程中的物与物、物与人及人与人之间的广泛关联。针对要采集的多源制造数据，通过配置各类传感器和无线网络，实现物理制造资源的互联、互感，从而确保制造过程

多源信息的实时、精确和可靠获取，智能制造系统的感知互联覆盖全部制造资源以及制造活动全过程。信息深度自感知是进行一切决策活动和控制行为的来源和依据，通过对自身工况的实时感知分析，支撑智能分析和决策，是实现智能制造的基础。

②智慧优化自决策　智能制造系统具有基于感知搜集信息进行分析判断和决策的能力。智能制造系统是一种由智能机器和人类专家共同组成的人机一体化系统，其"制造资源"具有不同程度的感知、分析与决策功能，能够拥有或扩展人类智能，使人与物共同组成决策主体，促使信息物理融合系统实现更深层次的人机交互与融合。将制造过程中海量、多源、异构、分散的车间现场数据转化为可用于制造过程的自主决策，搜集与理解制造环境信息和制造系统本身的信息，根据感知的信息自适应地调整组织结构和运行模式，分析判断和规划自身行为，使系统性能和效率始终处于最优状态。基于对运行数据的实时监控，自动进行故障诊断和预测，实现故障的智能排除与修复。强大的知识库是智能决策能力的重要支撑。智能制造不仅利用现有的知识库指导制造行为，同时具有自学习功能，基于制造运行数据或用户使用数据进行数据分析与挖掘，通过学习不断地充实并完善制造知识库。将制造过程感知技术获得的各类制造数据，转化为可用于精准执行的可视化制造信息，对制造过程的精准控制起着决定性的作用。

③精准控制自执行　智能制造系统具有基于智慧优化自决策信息进行精准控制执行的能力。制造活动的精准执行是实现智能制造的最终落脚点，车间制造资源的互联感知、海量制造数据的实时采集分析、制造过程中的自主决策都是为实现智能执行服务的。数字化、自动化、柔性化的智能加工设备、测试设备、装夹设备、储运设备是制造执行的基础条件和设施，通过传感器、RFID等获取的制造过程实时数据是制造精准执行的来源和依据，设备运行的监测控制、制造过程的调度优化、生产物料的准确配送、产品质量的实时检测等是制造的表现形式。制造过程的精准执行是使制造过程以及制造系统处于最优效能状态的保障，也是实现智能制造的重要体现。

1.1.4　智能制造的关键技术

结合信息化与制造业在不同阶段的融合特征，可以总结归纳出智能制造的三个基本范式：数字化制造、数字化网络化制造、数字化网络化智能化制造（即新一代智能制造）。这三个基本范式既体现着先进信息技术与先进制造技术融合发展的阶段性特征，又体现着智能制造发展的融合性特征。在"并行推进"不同基本范式过程中，各个企业根据自身发展的实际需要，充分运用成熟的先进信息技术和先进制造技术，实现向更高智能制造水平的迈进。从数字制造到智能制造的发展模式可以分为以下三大类。

① 在通过数字制造实现数字工厂的基础上，实现智能工厂，进而实现智能制造。在通过数字制造实现数字工厂的基础上，基于物联网和服务互联网加强产品制造过程的信息管理和服务，提高生产过程的可控性，并利用大数据、云计算等技术实现加工与装配过程的智能管理与决策，实现智能工厂与智能制造。具备较好数字制造基础和较强信息集成能力的大型企业集团，适合采用从数字工厂到智能工厂的发展途径。

② 数字制造与智能制造并举，实现信息化、数字化，并且实现实时传感、知识推理、智能控制，进而实现智能制造。数字制造与智能制造并举，在利用数字制造先进技术的发展和应用推广来实现制造信息化和数字化的同时，发展和应用智能制造技术以实现制造装备的实时传感、知识推理、智能控制、自主决策。数控机床等基础制造装备行业，超精密加工、难加工材料加工、巨型零件加工、高能束加工、化学抛光加工等所需特种制造装备行业，适合采用数字制造与智能制造并举的发展途径。

③ 在单元技术、单元工艺、单元加工实现数字化的基础上，实现单元制造智能化，一个单元、一个单元逐步实现整机智能化制造，进而实现企业智能制造。对于结构复杂、超大型尺寸产品的制造行业（如大型舰船、大型商用飞机等），产品制造单元数量众多，且需分布式协同制造，适合采用将制造单元逐个智能化的途径以实现整机的智能制造。

智能制造的实现可以分为三个不同的层面，即制造对象或产品的智能化、制造过程的智能化、制造工具的智能化。基于从数字制造到智能制造的三大发展模式，从数字制造到智能制造的实现途径如下。

① 从智能设计到智能加工、智能装配、智能管理、智能服务，实现制造过程各环节的智能化，进而实现智能制造，如图1-2所示。

② 通过机器人生产线作业智能化，实现制造过程物质流、信息流、能量流的智能化。利用机器手、自动化控制设备或自动生产线推动技术向机械化、自动化、集成化、生态化、智能化发展，实现制造过程物质流、信息流、能量流的智能化。

③ 通过机器人的应用、推广，提高机器人的智能性，使机器人不仅能够替代人的体力劳动，而且能够替代人的部分脑力劳动。在工业机器人核心技术与关键零部件自主研制取得突破性进展的基础上，提高工业机器人的智能化水平，实现高层次的智能机器人。

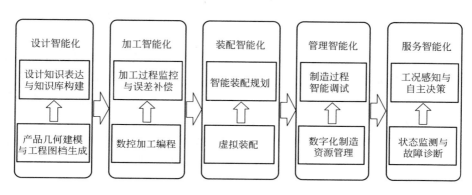

图 1-2　制造环节的智能化

智能制造是人工智能技术与先进制造技术不断融合、发展和应用的结果。数据挖掘、机器学习、专家系统神经网络、计算机视觉、物联网、云计算等智能方法与产品设计、产品加工、产品装配等制造技术融合，就形成了知识表达与建模技术、知识库构建与检索技术、异构知识传递与共享技术、实时定位技术、无线传感技术、动态导航技术、自主推理技术、自主补偿技术、自主预警技术等各种形式的智能制造技术。

1.2　智能化装配及其关键技术

1.2.1　智能化装配

装配是制造系统的重要组成环节，各种零部件（包括自制的、外购的和外协的）必须经过正确的装配，才能形成最终产品。装配是产品制造全生命周期中最重要的、耗费精力和时间最多的步骤之一，在很大程度上决定了产品最终质量、制造成本和生产周期。据统计，装配工作量占整个产品研制工作量的 20%～70%，平均为 45%，装配过程约占产品生产制造总工时的 50%，装配相关的费用占产品生产制造成本的 25%～

35%。装配成为智能制造系统的薄弱环节，产品的可装配性和装配质量直接影响着产品的性能、制造系统的生产效率和产品的总成本。《机械工程学科发展战略报告（2011—2020）》指出，"产品整机装配性能的保障正在由最初的设计加工环节逐渐向装配环节转移，相关研究得到了世界各国的广泛关注"。因此，采用先进的装配技术、提升产品装配的自动化、智能化程度是新一代智能制造中急需解决的关键问题，具有非常重要的工程意义。

装配就是将各种零部件或总成按规定的技术条件和质量要求连接组合成完整产品的生产过程，也可称为"使各种零部件或总成具有规定的相互位置关系的工艺过程"。产品装配技术是指机械制造中各种装配方法、装配工艺及装备的技术总称。北京理工大学刘检华教授指出："当前产品装配技术主要包括面向装配的设计、装配工艺设计与仿真、装配工艺装备、装配测量与检测、装配车间管理等研究方向，其中设计是主导、工艺是基础、装备是工具、检测是保障、管理是手段。设计是主导：产品的可装配性和装配性能主要是由产品的结构决定的，设计时应在结构上保障装配的可能，采用的结构措施应方便装配，以减少装配工作量，提高装配质量。工艺是基础：工艺是指导产品装配的主要技术文件，装配工艺设计质量直接影响着产品装配的可装配性、操作难度、操作时间、工夹具数目和劳动强度等。装备是工具：工艺装备是实现自动化、智能化装配的重要支撑工具。检测是保障：测量与检测是装配质量的直接保障手段。管理是手段：科学的车间管理是提高装配效率和质量的重要手段。"

智能化装配是智能制造的重要组成部分，是将人工智能技术应用于产品装配中面向装配的产品设计、装配工艺设计与仿真、装配工艺装备、装配测量与检测、装配车间管理等环节，通过知识表达与学习、信息感知与分析、智能决策与执行，实现产品装配过程的智能感知、智能推理、智能决策，可显著提高装配的自动化、智能化程度。主要包括面向智能化装配的产品设计、智能化装配工艺设计与仿真、智能化装配工艺装备、智能化装配测量与检测、智能化装配车间管理等研究内容。

（1）面向智能化装配的产品设计

基于装配知识的模型设计，使产品设计过程和装配工艺设计过程有机融合；面向装配，基于知识的产品设计、工艺设计和工装设计的一体化三维设计技术，开展产品的功能性能仿真分析与优化，保证产品的功能性能满足用户要求。

（2）智能化装配工艺设计与仿真

在智能化装配工艺设计与仿真阶段，建立装配仿真模型，基于离线仿真、可视化仿真等，对操作可达性和难易程度进行仿真验证，优化工艺流程和系统布局。把机器学习、神经网络、知识工程等人工智能领域的理论技术应用到装配工艺设计中，建立装配知识库及其相应的索引与推理机制，并把装配工程师的经验知识利用起来，以提高装配工艺设计的效率与水平，是缩短新机研制周期、降低研制成本的关键。

（3）智能化装配工艺装备

装配工艺装备是实现产品自动化、智能化装配的工具。装配工艺装备的设计过程与待装配的产品结构、装配工艺和检测技术等密切相关，产品结构及工艺的差异性导致装配工艺装备是一种特殊的机械，通常为特定产品而设计制造，具有开发成本高、柔性差等特点。大型复杂机电产品装配，具有高精度、结构复杂等特点，装配过程的自动化、智能化必须借助定制的专用智能化工艺装备来实现。柔性装配工装装备的可重构模块化设计，适用于多品种、多对象，缩短工装制造周期和降低成本，大大提高装配工装运动准确度，节省工装调姿时间。自动精密制孔装备，改善各连接点的技术状态（如表面质量、配合性质、结构形式等），具有制孔精度高、效率高的特点。自动化连接设备能显著提高工作效率及连接质量的稳定性。自动钻铆装备越来越受到航空制造企业的重视。

（4）智能化装配测量与检测

装配中依赖测量系统提供精准的测量数据来保证装配精度，进而确保装配质量。按照测量对象的不同，装配测量与检测技术主要分为三类：①几何量的测量，即产品形状及位置的测量；②物理量的检测，即装配力、变形量、残余应力、质量特性等的检测；③状态量的检验，包括产品装配状态、干涉情况、密封性能等的检验。建立可覆盖装配过程的数字化测量与监控网络，通过传感器、RFID、物联工业网络等实时感知、监控、分析装配状态，并利用云计算、大数据等先进技术对收集到的海量数据进行系统分析，实现装配过程的描述、监控、跟踪和反馈。

（5）智能化装配车间管理

生产车间作为制造企业的具体执行单位和效益源头，是企业信息流、物料流和控制流的汇集点，制造执行系统（Manufacturing Execution System，MES）是近年来迅速发展的面向车间执行层的生产信息化管理系统。面向装配的MES技术，通常包含装配车间作业计划编制、装配质量分析、装配成本控制、物料动态跟踪与管理、车间设备能力管理等功能，可以有效提高装配车间生产效率，并保障产品装配质量。目前装配MES的研究对象多为自动化装配生产线，比较典型的应用行业如汽车等。装配系统是由一系列离散型工位和物料配送系统组成的，物料配送在产品装配过程中具有非常重要的作用。车间在物料配送过程中要求智能配送小车以装配工具包为单元，并选择最短移动路径运输。以装配知识管理技术为基础，应用人工智能算法优化装配过程，模拟专家智能活动的能力，研究装配车间智能调度，适应装配环境和装配流程的改变。

将人工智能技术中的专家系统、神经网络、深度学习、智能优化、计算机视觉、数据挖掘、物联网、云计算等智能方法与产品装配中面向装配的产品设计、装配工艺设计与仿真、装配工艺装备、装配测量与检测、装配车间管理等融合，就形成了知识表达与建模技术、知识库构建与检索技术、知识传递与共享技术、实时定位技术、无线传感技术、动态导航技术、自主优化技术、自主推理技术、自主预警技术等各种形式的智能化装配技术，如图1-3所示。

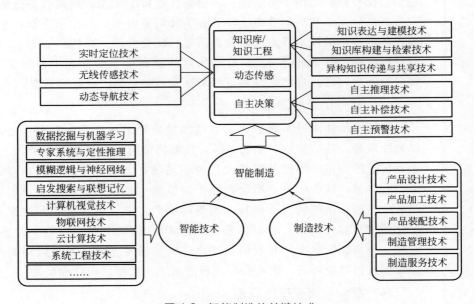

图 1-3 智能制造的关键技术

良好的装配序列可以减少20％～40％的制造费用，同时能将生产效率提高100％～200％。可行的装配序列规划解决方案可能只有所有解决方案的0.4％。智能装配规划是智能制造领域降低产品制造成本、提高产品装配自动化和智能化水平的重要手段。即使是自动化程度极高的企业，也会有 6%～11% 的制程时间浪费在等待和延迟的过程中。装配线的调度优化是实现各类资源利用最大化、时间最小化和使用合理化的重要手段。因此，在现有装配工艺装备不变的条件下，以产品的设计结构为基础，采用人工智能技术优化产品装配工艺设计和装配车间管理，为提高装配效率和质量提供了可行的思路。实现产品设计和装配规划同步智能化的智能装配规划、装配生产线调度优化是数字化制造与智能制造领域的研究热点，是工业 4.0 中利用计算机技术、信息技术、人工智能技术改造和提升制造业中智能装配与调度的基础，具有重要的理论价值。

1.2.2　智能装配规划

装配规划的目的是确定产品的最优装配方案，即寻求最优装配序列。制订最优装配工艺，从而保证产品的装配质量，同时使装配成本最小、装配效率最高。装配规划实质上是一个复杂的组合优化问题，假设一个装配体由 N 个零件组成，每个零件至少有 m 种可能的装配方法，则装配体可能的装配序列为 $m^N \times N!$；同时，设计中的微小改动也可能引起装配顺序的较大变换，随着产品中零件数目的增加，可能的装配方案会呈指数级增长，出现"组合爆炸"。

智能规划通过人工智能理论与技术自动或半自动地生成一组动作序列，用以实现期望的目标，其主要任务是动作排序。装配规划的主要任务之一是寻求产品的最优装配序列。智能装配规划用人工智能科学的理论、方法和技术实现装配规划问题的智能求解，其研究对象是装配规划问题，人工智能为有效解决装配规划问题提供重要的手段和方法，旨在实现产品的智能化装配。

智能装配规划是将智能计算、知识工程、智能优化等人工智能理论方法和技术应用于装配规划问题产生的一项综合技术。它是制造过程智能化的重要组成部分，属于智能制造的范畴，是自动化装配的最高发展阶段，是智能装配技术的核心；同时也属于智能规划的研究范畴，属于智能规划研究中的工程规划问题。

智能装配规划的主要研究内容包括产品装配建模、装配序列规划、装配序列评价、装配路径规划、装配过程仿真、装配规划信息管理、装配规划系统开发以及面向特定产品的智能装配规划技术等。

① 产品装配建模　产品装配建模是智能装配规划的基础。它描述了装配体中零部件的基本信息及相互间的装配关系（如零件间的几何位置

关系、零件间的约束连接关系等），为装配规划提供必要的装配信息。产品装配建模的依据主要是产品的装配体 CAD 模型以及装配规划人员需要的零件属性信息等。零件间装配关系的表达方式主要有连接图法、层次树结构、连接矩阵等。

② 装配序列规划　装配同一产品可以采用不同的装配顺序，不同的装配顺序形成了不同的装配序列。装配序列规划就是在给定产品设计的条件下，找出合理、可行的装配序列，或者根据给定的装配目标寻求产品的最佳装配序列。装配序列规划是智能装配规划的核心内容。

③ 装配序列评价　产品的装配序列首先应该满足可行性条件，此外装配序列应该具有较低的装配成本、较高的装配效率和较小的装配难度，并且尽量符合装配人员的装配习惯。装配序列评价是智能装配规划的重要内容，它为优选装配序列提供依据。

④ 装配路径规划　装配路径规划是指为装配过程中的零部件寻找合理、可行的装配路径，或者根据要求对已有的装配路径进行优化。

⑤ 装配过程仿真　装配过程仿真是将装配序列、装配路径等装配过程以动态演示的方式在计算机上显示出来，使装配规划直观、可视化地展现在用户面前，便于进一步验证并改进产品的装配规划结果；此外，装配过程仿真还可以为装配教学和培训提供指导。

⑥ 装配规划信息管理　装配规划信息管理是对装配规划过程中的有关信息进行全面管理，包括装配信息的记录、存储、处理、分析和输出等。一方面，装配规划信息管理可以为装配规划活动提供必要的信息支持；另一方面，输出的规划结果信息可以为实际生产中实施装配规划和开展装配培训提供参考和指导。

⑦ 装配规划系统开发　装配规划系统开发旨在利用 CAD、虚拟现实、计算机网络、数据库等技术，面向用户提供产品的智能装配规划平台，全面支持智能装配规划中的各项活动，并负责相关软件系统之间的数据通信，从而实现系统集成。

⑧ 面向特定产品的智能装配规划技术　对于不同产品，如汽车、航空发动机、部件等在复杂程度、组成结构、装配工艺及要求等方面存在着很大的不同之处，其装配规划活动从内容到采用的技术、方法也不尽相同。因此，有必要针对特定产品，及其装配特点，对其智能装配规划技术进行深入研究，以便采用有效方法为产品制订最佳装配方案。

装配序列规划是在保证产品装配体各零件间物理约束的前提下，在可行装配序列中选择一条最合理的装配序列。装配序列规划被认为是典型的 NP-hard 组合优化问题，涉及建立装配信息模型、构建装配序列规划算法和评价可行的装配序列。

（1）建立装配信息模型

装配信息与知识的建模是装配序列规划的基础。Ou 认为装配 CAD 模型中使用的装配约束可以提供装配过程有关的重要信息。从产品 CAD 模型出发，研究了基于关系矩阵的自动装配序列生成。Zha 基于专家系统与传统的 Petri 网结合，用于装配知识的统一表示。Yin 研究了基于连接关系图模型、空间约束图的分层机械装配序列规划。Wang 提出一种装配语义建模方法，由概念/功能级别、结构级别和部件/特征级别三层语义抽象来描述产品装配信息。于嘉鹏设计了可方便定义子装配体和编辑装配树的装配结构重构功能，通过对原始装配关系信息的整合，柔性化生成面向层次化结构的装配关系矩阵。Kim 针对装配模型中各种具有相似的几何形状和拓扑结构的连接建模，提出使用分体拓扑表示连接的不同以及定义装配设计术语及其关系，使用 SWRL 连接推理规则区分装配连接。Gruhier 考虑产品设计中空间与装配序列规划中时间的关系，从异构信息处理的角度，提出面向产品设计和装配序列规划的时空信息管理框架。孟瑜将本体技术引入到装配建模中，构建面向装配序列规划的装配本体描述装配对象、装配规则，形成统一的装配知识表示层次体系。分析已有的研究，现有的方法还不能直接同时实现减少装配序列的搜索空间需要的子装配体语义、重用典型结构装配序列规划的典型结构语义、装配先验知识的信息建模。因此，有必要研究能同时表达 CAD 装配模型零部件层次结构关系、特征连接语义关系、典型结构语义、装配先验知识的时空语义装配信息模型及表达，为先验知识与 CAD 模型数据驱动的装配序列智能规划提供可靠的理论基础。

（2）构建序列生成算法

近二十年来，国内外学者围绕刚性产品单调性装配序列规划开展了一系列的研究，主要有经典规划算法、基于智能优化算法的装配序列规划、基于知识推理的装配序列规划、基于虚拟的装配序列规划。

① 经典规划算法　经典规划算法是一种以图理论为基础的图搜索算法。一般用连接图表达产品中零件之间的连接关系，并利用"优先约束"或"割集算法"得到所有可能的装配序列，然后按照评价标准从中选取较好的装配序列。图搜索算法本质上是一种枚举法，从理论上讲，该方法可以得到可行的甚至最优的装配序列。但是由于存在"组合爆炸"问题，当产品的零件数目较多时，图搜索算法的效率很低，有时甚至无法得到令人满意的计算结果。传统机器智能中的符号智能以知识为基础，

通过推理进行问题求解；而经典规划算法以连接图表达装配体的信息，基于"优先约束"或利用"割集算法"推理得到装配序列。

② 基于智能优化算法的装配序列规划　装配序列规划是典型的 NP-hard 组合优化问题，智能优化算法具有很好的搜索及优化能力，成为装配规划问题求解的一种重要方法。基于智能优化的装配规划，随着智能计算的兴起和发展，"遗传算法""人工神经网络""模拟退火""蚁群算法"和"人工免疫系统"等纷纷被成功用于求解装配规划问题。智能计算方法利用了计算过程中的启发式信息，本质上是一种启发式搜索方法，能够较好地解决装配规划过程中的"组合爆炸"问题。基于智能计算的装配规划方法正是利用了计算机智能这种机器智能中不同于符号智能的新兴智能来实现智能化的装配规划。Smith 考虑稳定性、接触和重新定位等因素，基于遗传算法实现装配序列规划。徐周波提出将蚂蚁算法、混沌算法和遗传算法结合，解决遗传算法在求解装配序列规划问题中速度慢、产生重复解等问题。李明宇提出了面向装配序列规划的混沌粒子群优化算法，李明宇提出了面向装配序列规划的混沌粒子群优化算法，在离散粒子群算法基础上，引入改进的进化方向算子，减少算法平均迭代的步数。Wang 提出采用蚁群优化算法在搜索过程中同步生成拆卸计划，获得最佳装配序列。曾冰提出了面向装配序列规划问题的改进型离散萤火虫算法。Chang 提出面向装配序列规划的人工免疫算法，克服遗传算法局部最优解收敛的缺点。Zhang 研究了基于免疫算法和粒子群优化算法的装配序列规划。Marian 以装配连接图、连接表建立装配信息模型，分析装配内在优先关系和外在优先关系，采用引导搜索自动生成可行的装配序列。在装配序列规划中，搜索空间与产品中零部件的数量呈指数比例关系。利用子装配体减小装配序列的搜索空间、利用装配先验知识减小装配序列的搜索空间可以提高基于智能优化算法的装配序列规划求解效率。

③ 基于知识推理的装配序列规划　产品装配模型中零件的连接关系、约束关系、几何信息等装配知识，是进行装配序列规划的重要依据。装配知识可以为装配活动提供有效引导，简化装配规划的难度，使规划结果更符合工程实际需要。因此，基于知识的装配规划成为装配规划研究的一个热点领域。"智能"由两部分组成：其一是知识；其二是知识的利用，即运用知识解决问题。基于知识的装配规划通过连接件、连接结构、装配语义和装配实例等不同类型装配知识的导航，降低了问题求解难度，从而较好地解决了装配规划问题。Zha 提出基于面向对象知识 Petri 网，开发了智能集成设计与装配规划系统原型。Dong 基于连接语义装配树表达产品装配中的几何信息和非几何知识，实现基于知识的装配

序列规划。Demoly 引入和使用装配过程知识，提出面向产品结构和装配序列规划的设计框架。Gruhier 引入了基于分体拓扑学和时间关系，研究了基于本体时空分体拓扑的集成产品设计和装配序列规划。Hsu 基于知识工程系统，采用反向传播神经网络协助工程师及时预测接近最佳的装配序列。李荣以连接结构作为基本装配单元，建立基于知识的装配 Petri 网模型，求解装配体基于连接结构的可行装配序列；Dong 基于连接语义的装配关系模型，使用部分装配约束满足策略，集成基于几何推理和基于知识推理实现装配序列规划。Su 基于 CAD 模型抽取装配优先关系，自动推理几何和工程上可行的装配序列。Kim 使用 SWRL 推理连接规则，区分装配连接。Kashkoush 以相似产品的可行的装配序列为基础，提出基于知识的混合整数规划模型生成给定产品的装配序列。Yoonho 提出了两个相似性系数来寻找类似的实例和相似的关系，开发了基于实例推理的装配规划系统以用于造船的组装。Qu 以零件、连接关系、装配序列的相似性量度为依据，提出一种基于案例推理和基于软硬约束推理改进复杂产品的装配规划。王礼健研究了基于连接关系稳定性的子装配体识别，根据子装配体功能和结构的相似性，构造相似子装配体。Demoly 建立装配连接关系、优先关系有向图，通过子装配体识别规则、子装配体有效性规则、子装配体串联实现装配序列生成。刘林构建面向拆卸的全语义模型，求解装配体的装配序列，解决了装配序列工程可行性问题。分析已有的研究，发现装配的纯几何描述并不能总是生成好的装配序列。检索典型序列加速装配序列规划过程，减小装配序列的搜索空间，可以提高装配序列规划效率。集成非几何信息，如装配先验知识可以获得更好的规划。

④ 基于虚拟的装配序列规划　随着虚拟现实技术的兴起和发展，虚拟装配逐渐成为装配规划的一种重要手段，使得操作者在虚拟环境中将零部件装配到具有相应约束关系的空间位置上，干涉检测，模拟实际的装配过程。通过数据手套以沉浸方式操作虚拟零部件进行装配，从而产生可行的装配序列。虚拟装配的主要研究内容包括：虚拟装配环境下装配信息的自动获取；基于物理属性的虚拟装配过程研究；虚拟工具建模与操作技术；虚拟装配环境下的人机交互技术；碰撞检测算法；虚拟手建模与抓持规划；虚拟装配过程的人机工程学分析等。虚拟装配技术具有能同时利用人的直觉、经验和知识以及计算机强大的存储能力以及快速、精确的计算能力，从而达到较优的人机协同。Leu 研究了运动捕捉、装配建模、VR/AR 系统间数据交换等技术，实现基于 CAD 模型的虚拟装配仿真以及规划与训练。Makris 研究了装配序列生成算法，在装配操

作中集成仿真与增强现实。Müller 研究了面向装配规划中复杂性管理的虚拟与现实间的一致数据使用和交换，为装配规划工程师提供了连接虚拟规划环境和实际装配系统的方法。分析已有的研究，发现能同时处理几何和实际数据的装配序列重用算法，集成装配先验知识，减小装配序列的空间，提高虚拟装配序列规划的效率，拓宽虚拟装配序列规划的应用。分析已有的研究，以典型结构装配知识为基础的知识检索与推理，为解决知识系统中不包含与待规划产品完全一致信息的序列规划，弥补知识系统的信息有限的不足提供了一种可行的思路；研究定性装配先验知识的推理，可以提高产品装配序列规划的效率。

（3）评价可行的序列

定量标准如装配时间和成本、工作站数目、操作员数目和部件优先级等指标常用于选择最佳装配顺序。袁宝勋建立了包含零件级和系统级指标的装配序列综合评价指标体系，定义了各个系统级指标的定量化方法，采用逼近理想解方法综合评价候选装配序列，确定最佳序列。马红占研究了基于人因仿真分析的装配序列评价模型。Smith 考虑零件拆卸方向、重新定位的次数和工具更改次数，以找到优化的拆卸计划，提出的部分拆卸顺序规划方法可以用于降低环境成本。分析已有的研究，发现在序列生成算法的基础上，研究装配序列定量化综合评价方法，结合数字化工厂资源，进行装配序列规划仿真，生成最佳装配序列。

分析已有的研究取得了比较好的效果，主要面临以下三个问题：①如何减小装配序列的搜索空间；②如何重用典型结构的装配序列规划，提高装配序列规划的效率；③如何利用非几何信息如装配经验知识，指导装配序列规划。以上问题，制约了装配序列规划的智能化及其在智能化装配中的应用。产品 CAD 模型蕴含的装配层次关系，几何、拓扑约束关系是进行产品装配序列规划的重要依据。装配经验知识是指导装配序列规划的重要原则。因此，先验知识与 CAD 模型数据驱动的装配序列智能规划是当前数字化制造与智能制造领域智能化装配中亟待研究的重要内容。

1.2.3　装配生产线调度优化

在国际化竞争的冲击下，为了要保证高端产品质量、成本和交货期，制造企业逐渐意识到合理的生产线设计及规划将会提高企业的竞争力。目前制造企业大多采用混流生产模式，由于这种生产模式的装配线设计复杂、规划难度大的现状以及用户的个性化需求不断提高，导致实际生产节拍达不到目标设定值，造成制造企业的生产效率无法满足要求。

柔性化混流装配生产线调度优化就是将各类资源利用最大化、时间最小化和使用合理化，在空间和时间上对各类装配物料的组织及产品的生产进行优化，一方面保证设备布局合理、上下工序衔接顺畅，另一方面不断提升装配工人的操作效率、缩短产品制造时间、保证制程库存，以降低成本和效益最大化。自 J. R. Jackson、S. M. Jackson 和 W. E. Smith 提出生产调度问题以来，生产优化调度问题就受到了广泛的关注。针对智能加工车间，考虑工件随机动态到达、机器故障等情况，考虑多个调度目标函数，进行生产调度优化主要涉及调度问题的建模、调度算法设计以及调度系统的实现等。

经典调度理论的核心是按照目标函数的要求计算出最优或近似最优的任务安排方案。在经典调度算法研究方面，非线性规划、仿真方法、拉格朗日法等启发式方法，一般只适合于求解小规模问题，难以解决具有建模困难、不确定性强等复杂的实际生产调度问题。

智能优化调度方法如模拟退火算法、神经网络、遗传算法、进化规划、免疫算法、蚁群算法等，使生产调度问题的研究方法走向了智能化。刘琳通过设计混合遗传算法确定关键工序集和最优调度顺序，为解决作业车间滚动重调度问题提供新思路；王晓娟通过设计混合遗传禁忌搜索算法，实现多目标柔性作业车间调度；余建军利用免疫记忆和疫苗接种增强搜索稳定性，设计出一种双种群双倍体自适应免疫算法，实现多目标柔性作业车间调度；徐新黎利用多 Agent 动态调度方法解决染色车间调度问题。董建华研究了混合遗传算法与禁忌搜索算法，解决了混流排序的问题。

面向对象的建模和仿真实现调度优化，将系统分解为若干类对象，具有相似功能和行为的对象被归为一类对象，每个对象类之间以信息传递关系相连，用于解决生产物流系统的仿真及模拟。生产调度优化是复杂的动态离散事件系统，具有并发性、复杂性、随机性、递阶性等特性，面向对象的技术具有递阶、分解、抽象等特点，对于复杂问题的求解十分适合。Anglanil 基于 UML 建模语言和 ARENA 过程仿真语言，使用面向对象的方法建立了柔性化系统仿真模型的开发环境 UMSIS，从而将概念框架转化为实际模型；Wolfgang 将面向对象的概念应用到离散事件系统的仿真与建模中，并提出了 BetaSIM 系统框架。

系统仿真法调度优化，是组建实际系统的计算机仿真模型，以系统技术、相似原理、信息技术以及应用领域的技术为依据，利用模型对已有的或设想的体系进行研究的技术，适合用来解决多条件离散动态系统的决定性问题。仿真调度技术最早应用在美国国防军事战略规划中，具备求解速度快、结果适用性好的优势。Muhl 等对汽车整厂内部的物料搬运车的流程进行优化研究；Marshall L. Fisher 等针对多车型混流装配的问题，提出了减少缓存区容量以释放部分装配生产线空间；Deogratias Kibira 利用遗传数据驱动开发出汽车生产系统的分布式集成仿真模型；熊金猛等用增强现实技术来试验车间布局设计的通行性，设计了系统结构，并实现了其原型系统；许立等引入关系数据库启动三维仿真模型，用于生产车间的结构分析，实现了开放式的生产车间布局设计体系。

仿真技术以德国西门子公司的 Plant Simulation 和法国达索公司的 Delmia 为主，能够在数字化环境中进行模拟仿真，而且在汽车领域的仿真调度研究非常多，主要集中在以下几个方面：①车身存储区的出入库调度问题，混流装配线中多车型的排序问题；②车间生产线布局，混流生产线平衡、生产排程等问题；③物流输送系统的输送路径、吊具、托盘、叉车等所需数量等物流配置问题；④工艺工位的加工、装配和仿真，动作路径的可行性分析等问题。已有的研究有：曹振新研究了 JIT 环境下物流配送系统和看板运行流程；刘纪案采用仿真方法对摩托车企业发动机装配线进行简单的优化；刘光富对装配线利用仿真软件进行节拍分析；杨堃在不同的优化目标下，根据企业实际的参数和条件提出了可行的优化措施。

分析已有的研究，每一类生产线调度优化方法在解决实际生产中的部分调度优化问题方面，进行了有益的探索。综合多种生产调度优化方法，进一步解决实际生产中的不确定性事件、大规模和多目标等复杂调度问题方面，但当前的研究还不够深入。

第2章

智能化装配
技术基础

2.1 装配技术基础

2.1.1 产品的可装配性

产品的可装配性是指产品设计中所确定的形状、结构、连接方式、材料、精度等结构要素，在产品装配过程中对装配成本、装配效率、装配质量等的影响。产品的可装配性还经常考虑产品维修时拆卸操作的方便性、产品报废的材料回收和再利用时零部件分解操作的可行性。因此，产品的可装配性不仅影响产品制造过程中的装配工艺，也对产品最终质量、产品维护有一定的影响。

在产品设计的初期应当从装配工艺过程的角度对产品进行评价，通过优化产品结构，采用方便灵活的连接方式，选择合理的零件材料、精度，减少零部件的数量等手段，提高最终装配效率，降低装配成本，缩短整个制造周期，并提高企业设备资源等的利用效率。通过可装配性分析、仿真软件对装配过程进行评价。

产品的可装配性还与产品的装配方式有关。对于手工装配，产品设计应当满足工人在操作中的限制，如搬运重量、手工抓取、手臂操作的空间和距离、视线阻碍等。对于自动装配，产品设计应当满足在自动装配过程中零件的搬运、定位等工艺的要求，同时还应当满足在装配生产线上对装配节拍、装配工具等的使用要求。

产品设计中确定了零部件的数量、组成关系，零部件的形状和精度要求。下面分析不同的产品设计对装配工艺的影响。

① 对装配工序数量的影响　零件的数量和部件的划分决定了产品最终的装配工序的数量。由于在每个装配工序中都需要进行独立的装配操作，需要分配装配操作的工位和空间，如果需要，还将设计制造装配的工装，并按照装配工序安排车间的生产调度、成品/半成品的库存，因此产品的零部件对最终的装配效率、装配成本具有重要的影响。

② 对装配顺序的影响　产品装配中需要按照一定的操作顺序完成零部件的装配，合理的装配结构设计应使装配过程中可以方便地进行零部件的搬运、插入和定位，减少由于不合理的装配顺序所得产品的重新定位与调整，并且使装配过程中零部件保持稳定，不需要额外的工装进行固定。

③ 对零件输送、搬运、抓取的影响　对于手工装配，零件的重量和尺寸应当易于装配人员的抓取和搬运，对称的设计或者明显不对称的设计可以缩短人工识别零件方向的时间。对于自动装配，零件应当易于在输送设备上自动定向，并且具有易由自动设备拾取的形状。

④ 对装配连接固定操作的影响　产品设计中根据零件的材料、性能要求和配合精度选择螺栓连接、铆接、过盈配合等不同的连接方法，不同的连接方法影响连接性能、连接操作效率、装配质量。不同的连接方法一般还要求采用特定的装配工装和装配工具完成最终的装配。

⑤ 对装配精度的影响　对于精度要求高的产品，产品设计中应当包括在装配中进行调整的环节。对于装配连接中需要加热、加压以及容易变形的零件，应当考虑装配过程中对零件形状、内部应力的影响，以保证在装配后能满足设计的精度要求。

⑥ 对装配效率的影响　零件应设计自定位的形状，通过设计导向结构和合理的装配基准，使零件在装配中能快速插入、定位，减少装配中的调整，并减少在装配中采用特定的工装进行测量、定位。

⑦ 对装配中夹具、工装使用的影响　产品设计中的零件的重量、形状和精度等，会对装配过程中使用的工装有一定的要求。精密零件在装配中通常需要一定的定位工装。

2.1.2　产品装配过程

产品装配是按照一定的精度要求和技术条件，将具有一定形状、质量、精度的零件结合成部件，将零件、部件组合成最终产品的过程。装配过程中需要把产品的自制件、外协件、外购件和标准件等分别按照装配过程进行存放和集结，在装配车间经过输送、装载与定位、装配、调整与修配、检验与测试等操作装配成成品。装配操作过程和连接方法如图 2-1 所示。

（1）输送

输送是将需要装配的零件、部件或半成品从一个操作工位运送到下一个操作工位或者运送到装配操作的位置。对于不同的产品类型、生产类型，零部件可以采用小车、自动传送装置、自动引导小车、吊车等不同的搬运方式。对于单件小批的手工装配，主要采用各种工业小车由装配工人将零部件运送至装配现场或下一个装配工位，小车中可以采用货架放置多个零件。对于自动装配或者装配线装配，一般采用各种自动传送装置，包括皮带轮、滚轮等。对于自动化生产线，组成自动化生产线的各种专机按一定的工艺流程各自完成特定的工序操作，工件必须在各台专机之间顺序流动，一台专机完成工序操作后要将半成品自动传送到下一台相邻的专机进行新的工序操作。

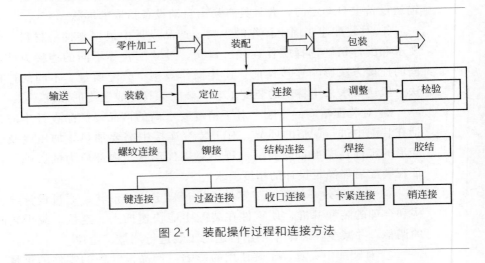

图 2-1　装配操作过程和连接方法

（2）装载与定位

零件的装载是指将零件从输送装置上取下，并搬运到安装位置。零件的定位是指将待装配的零件放置到基准零件上，并放置在正确的位置上。对于手工装配，一般由装配工人在装配夹具和辅助工具的帮助下完成零件的装载和定位。对于自动装配则通过自定位的零件形状、装载和定位装置完成零件的自动定位。在零件连接前，可能需要采用装配工装或者相应的辅助定位夹具将完成装载和定位的零件保持在确定的位置上。为了使零件在每一次工序操作过程中都具有确定的、准确的位置，以保证操作的精度，定位夹具可以保证每次操作时零件位置的一致性，实际上通常将工件最后移送到定位夹具内实现零件的定位。在某些工序操作过程中可能产生一定的附加力作用在零件上，这种附加力有可能改变零件的位置和状态，所以在工序操作之前必须对零件进行自动夹紧，保证零件在固定状态下进行操作。因此在很多情况下都需要在定位夹具附近设计专门的自动夹紧机构，在工序操作之前先对零件进行可靠的夹紧。

（3）装配操作

装配操作是完成装配的核心功能。装配操作采用特定的工艺方法、工具、材料，每种类型的工艺操作对应着一种特定的结构模块。装配操作的内容非常广泛，仅装配的工艺方法就有许多，例如螺纹连接、焊接、铆接、粘接以及通过机械结构相互锁紧的过盈连接、卡紧连接等。连接方式一般分为可拆卸连接和不可拆卸连接。可拆卸连接在拆卸时不会损坏任何零件，拆卸后还可以重新连接，不会影响产品的正常使用。常见的可拆卸连接有螺纹连接、键连接及销钉连接等，其中最常见的是螺纹连接。螺纹连接的质量与装配操作有很大的关系，应根据被连接件形状和螺栓的分布、受力情况，合理确定各螺栓的紧固力、多个螺栓间的紧固顺序和紧固力平衡等参数。不可拆卸连接在被连接件的使用过程中是不拆卸的，拆卸时往往会损坏某些零件。常见的不可拆卸连接有焊接、铆接和过盈连接等，其中过盈连接常应用于轴、孔的配合。实现过盈连接常用压入配合、热胀配合和冷缩配合等方法。一般产品可以采用压入配合法，精密产品常采用热胀、冷缩配合法。

（4）调整与修配

在装配操作前后，对零部件的位置进行校正和调整。校正是指零部件间相互位置的找正、找平作业，一般用在大型机械的基准件的装配和总装配中。常用的校正方法有平尺校正、角尺校正、水平仪校正、光学校正及激光校正等。调整是指零部件间相互位置的调节作业，配合校正作业保证零部件的相对位置精度；另外，还可以调节运动副内的间隙，保证运动精度。

对于回转体还需要进行平衡。通过平衡调整来清除旋转体内因质量分布不均匀而引起的静力不平衡和力偶不平衡，以保证装配的精度。旋转体的平衡是装配精度中的一项重要要求，尤其是转速较高、运转平稳要求较高的产品，对其中的回转零部件的平衡要求更为严格。有些产品需要在总装后在工作转速下进行整机平衡。平衡有静平衡和动平衡，平衡方法的选择主要依据旋转体的重量、形状、转速、支撑条件、用途、性能要求等。其中直径较大、长度较小者（长径比小于等于 0.2）可以只作静平衡，对长径比较大的工件需要作动平衡。其中工作转速在一阶临界转速的 75％以上的旋转体，应作为挠性旋转体进行动平衡。对旋转体的不平衡重量可以用补焊、喷镀、铆接、胶结或螺纹连接等方法加配重量，用钻、铣、磨、锉、刮等手段去除重量，还可以在预制的平衡槽内改变平衡块的位置和数量。

对于精度较高的装配还需要进行修配。修配是在装配现场对装配精度要求高的零件进行进一步的加工，包括零件配合位置的手工修配和配磨，连接孔的配钻、配铰等作业，是装配过程附加的一些钳工和机械加工作业。配刮是零部件表面的钳工作业，多用于运动副配合表面精加工。配钻和配铰多用于固定连接。只有在经过认真校正、调整，并确保有关零部件的准确几何关系之后，才能进行修配。

(5) 检验与测试

在组件、部件及总装配过程中，在重要装配操作前后往往都需要进行中间检验。装配前的检验主要包括装配件的质量文件的完备性、外观质量、主要尺寸的准确度、产品规格和数量等。总装配完毕后，应根据要求的技术标准和规定，对产品进行全面的检验和测试。对装配的位置精度、形状精度、连接质量、密封性、力学性能等进行检查，确认符合装配工艺和产品质量的要求。

2.1.3　产品装配组织形式

产品装配的组织形式是在工艺方面组织实施一种装配作业的种类和方式，可以具体化为空间排列、物流之间的时间关系、工作分工的范围和种类、在装配过程中装配对象的运动状态。典型的装配组织形式可分为下列几类。

(1) 单工位装配

全部装配工作都在一个固定的工位完成，可以执行一种或几种操作，基础件和配合件均不需要传输。

(2) 固定工位顺序装配

将装配工作分为几个装配单元，将它们的位置固定并相邻布置，在每个工位上都完成全部装配工作。即使某个工位出现故障，也不会影响整个装配工作。

(3) 固定工位流水装配

这种装配方式与固定工位顺序装配的区别在于装配过程没有时间间隔，但装配单元的位置不发生变化。

(4) 装配车间

将装配工作集中于一个车间进行，只适用于特殊的装配方法，如焊接、压接等。

(5) 巢式装配

几个装配单位沿圆周设置，没有确定的装配顺序，装配流程的方向可能会发生变化。

(6) 非时间联系的顺序装配

几个装配单位按照装配流程设置，在装配过程中相互之间不存在固定的时间联系。

（7）移动的顺序装配

装配工位按照装配流程设置，装配过程中相互之间既可以没有固定的时间联系，也可以存在一定的时间联系，但可以有时间间隔。

（8）移动的流水装配

装配工位按照装配操作的顺序设置，它们之间有确定的时间联系且没有时间间隔。此时，装配单元的传输需要由适当的链式传输机构完成。

如果装配效率要求较高或产品比较复杂，就需要施行流水装配。装配任务被分配给几个相互连接的装配工位，在局部范围内按照一定的时间顺序不间断地向前移动。从空间的角度来考虑，各个装配工位排列的基本方式有开式结构和闭式结构，如图2-2所示。其中，开式结构装配线的起点和终点是分开的，闭式结构则与之相反。

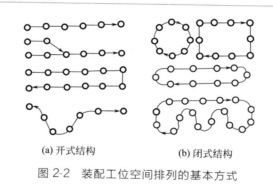

(a) 开式结构　　　　(b) 闭式结构

图 2-2　装配工位空间排列的基本方式

2.1.4　产品装配流程

为了装配一个产品，必须首先说明其安装顺序。必须规定哪些装配工作之间可以串联，哪些装配工作之间可以并联。对复杂的产品经常先装配子部件，即装配过程是按多阶段进行的。根据包含部件的情况，产品装配的流程按原理可以划分为无分支、有分支、单阶段、多阶段、装配站、流水作业等，如图2-3所示。

按照时间和地点关系，产品装配的流程可以划分为四种：①串联装配；②时间上平行的装配；③在时间上和地点上都相互独立的装配；④在时间上独立而地点相互联系的装配。

　　装配流程图是一个网形的计划图，其结构可以是有分支的或没有分支的，它重现了装配过程。零件的移动方向通过网结，相互关系通过连接线来表示。其排列方式总是由最早的步骤开始。从图 2-4 所示的流程图可以知道哪些装配工作（例如 1）可以先于其他步骤（例如 3～5）开始，在此步骤中哪些零件被装配到一起；一种装配操作（例如 2）最早可以在什么时间开始，什么步骤（例如 3 和 4）可以与此平行地进行；在哪个装配步骤（例如 5）中另一零件（D）的前装配必须事先完成。

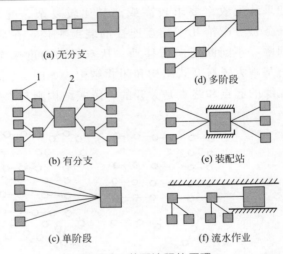

图 2-3　装配流程的原理

1—部件；2—产品

　　装配流程图为装配时间的确定带来极大的方便，同时也为"在哪里设置缓冲"提供了依据。为了给自动化装配找出产品装配的最佳流程，应首先找出可能性，也就是必须把装配零件间的关系描述清楚（尤其是空间坐标关系），否则有可能在技术上难以实现。

　　配合面即装配时各个零件相互结合的面，用来描述装配零件间的关系。每一对配合面 f 构成一个配合 e。如图 2-5 所示的部件装配关系可以这样来描述：

$$(e_1[f_1,f_3]) \quad (e_2[f_2,f_5]) \quad (e_3[f_4,f_6])$$

图 2-5 所示的部件包括 3 个配合，即

$$(bg_1[e_1,e_2,e_3])$$

用配合面很容易描述装配操作。图 2-5 所示的部件中有以下两个装

配操作：

$$(OP_1[f_2,f_3]) \qquad (OP_2[f_2,f_4,f_5,f_6])$$

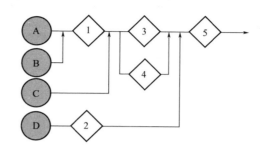

图 2-4 流程图

A~D—零件；1~5—连接过程

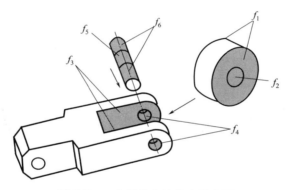

图 2-5 一个部件上的各个配合面

　　确定产品装配流程，找出最佳的装配顺序（流程），主要考虑以下因素。

　　① 考虑配合面　考虑被占用或者被封闭的配合面。

　　② 考虑装配任务　把一个产品适当分解成可传输的部件。如当一个O形圈装入槽内，槽就构成一个部件。

　　③ 考虑装配对象　把带有许多配合面、质量最大、形状复杂的零件视为基础件，特别敏感的零件应该在最后装配。

　　④ 考虑装配操作（工艺过程）　装配操作简单的步骤（如弹性胀入）应该先于装配操作复杂的步骤（如旋入）。

　　⑤ 考虑装配组织形式　在大批量生产中，若使用装配机器人进行部件装配时，应尽量避免频繁地更换工具。

⑥ 考虑装配功能　不同的零件在产品中实现不同的价值。装配操作过程和功能的优先权如表 2-1 所示。

表 2-1　在确定最佳装配顺序时优先权的导出

(a)配合过程的优先权

连接方法	特点		
弹性胀入	弹性变形	常规连接	
套　装 插　入 推　入	配合公差	被动连接	
电　焊 钎　焊 黏　结	材料结合	不可拆卸的连接	主动连接
压入铆接	形状结合		
螺纹连接、夹紧	力结合	可拆卸连接	

(b)从技术功能考虑的优先权

功　能	说　明	例　子
准备支点	构成几何布局	
定位	确定连接之前的相对位置	
固定紧固	零件位置被固定	

对于产品自动化装配，在确定装配流程时需要考虑以下因素：①配合、连接过程的复杂性；②配合、连接位置的可达到性；③配合件的装备情况；④完成装配后部件的稳定性；⑤配合件、连接件和基础件的可传输性；⑥装配流程的方向；⑦部件的可检验性。

由于技术上、质量上或经济上的原因，某种装配操作不能实现自动化，就必须考虑自动化装配与人工装配混合的方法。这种混合方式的装配系统［图 2-6（c）］有其突出的优点。

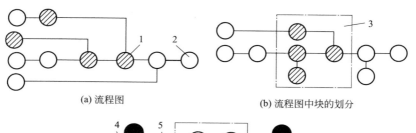

(a) 流程图　　　　　　　(b) 流程图中块的划分

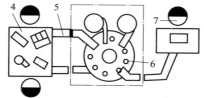

(c) 混合装配系统

图 2-6　流程图和装配系统

1—混合装配系统；2—非自动化装配；3—自动化装配段；4—人工装配工位；
5—中间料仓和传送链；6—自动化装配机；7—工人

2.1.5　装配连接方法

设计人员设计产品时就确定了连接方式。各种连接方法的使用因行业而异。机械制造和车辆制造行业比精密仪表行业更多地使用螺纹连接。螺纹连接是一种通过压紧实现的连接，因为被连接件是通过螺钉、螺栓等被相互紧紧地压在一起的［图 2-7(a)］，由此产生一对摩擦副。为了能够从数量上精确地控制连接力，必须对有关的因素加以控制。螺纹连接存在各种不同的形式，如螺钉连接、紧固螺钉连接、螺栓连接和螺柱连接，如图 2-7(b) 所示。

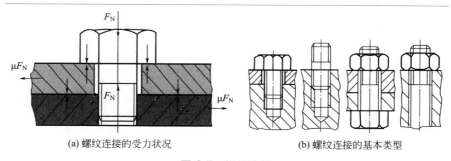

(a) 螺纹连接的受力状况　　　　　(b) 螺纹连接的基本类型

图 2-7　螺纹连接

　　除螺纹连接以外，最常用的当数并接（套装、插入、推入和挂接）。所要求的连接动作取决于两个被连接件的偶合面的形状和位置。对于这种连接方式，被连接件之间的接触力起着重要的作用，因为它们在连接的瞬间形成一定的力矩（图 2-8）。

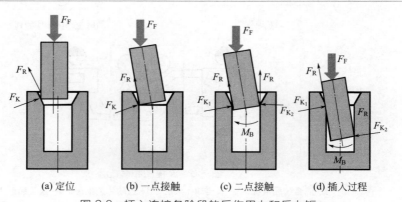

图 2-8　插入连接各阶段的反作用力和反力矩

F_F—连接力；F_K—接触力；F_R—摩擦力；M_B—力矩

　　因为两个被连接件的中心和轴角完全对准是不可能的，必须事先考虑到一定的补偿环节。连接过程所需施加外力的大小由接触部分的摩擦因数来确定。各种连接方式的粗略统计如表 2-2 所示。

表 2-2　各种连接方式被使用的频繁程度

	连接方式			
	并接		压入	
插入时的转角	0　　0.30~5　　7~(10)			F_F/kN
	s_P/mm　　0.2　　0.02　0			
	间隙		过盈	
	大	小	小	大
无	◖	●	●	◑
小(0°~45°)	○	◔	◕	○
大(45°~360°)	○	◑	◔	○
数倍($n×360°$)	○	螺纹连接　●		—

注：●—最经常使用；○—很少使用。

　　对于装配过程的研究表明，下列的连接副是经常遇到的：①连接副之间有 0.02～0.2mm 的小间隙；②连接副之间有小过盈，装配压力最大达到 7kN；③连接副之间有小间隙或小过盈，需要旋入，但旋转角较小（<45°）；④在旋入的同时还要施加一定的压力，最大为 7kN。对配合件施加一定压力，特别是轴向压力是经常施加的。70%的压入装配需要压力不超过 5kN。其余的装配方法如槽连接、通过涂敷密封材料和黏结材料连接、弹簧卡圈的胀入、齿轮副的装配、楔连接、压缩连接以及旋入等，只占很小的比例。表 2-3 中举出了几种连接方法并对它们的原理作了解释。

表 2-3　连接方法示意图

连接方法	原　理	说　明
拆边		形状偶合连接，把管状零件的边缘折弯
镶嵌，插入		把小零件嵌入大零件
熔入		铸造大零件时植入小零件
胀入		通过预先的变形嵌入
翻边，咬接		通过板材的边缘变形形成的连接
填充，倾注		注入流体或固体材料
开槽		配合件插入基础件，挤压露出的配合件端部向外翻
钉夹		用扒钉穿透两个物体并折弯，形成牢固连接

续表

连接方法	原 理	说 明
黏结		用黏结剂黏合在一起,有些需要加热
压入		通过端部施加压力把一个零件插入另一个零件
凸缘连接		使一个零件的凸缘插入另一个零件并折弯
铆钉		用铆钉连接
螺纹连接	(a)　(b)	用螺钉、螺母或其他螺纹连接件连接
焊接		有压焊、熔焊、超声波焊等
合缝,铆合		使薄壁材料变形挤入实心材料的槽形成连接
绞接		把两种材料绞合在一起形成连接

注:B—运动,F—力,P—压力,T—温度。

每一种连接方法的特点如表 2-4 所示,可以从以下几个方面进行区分:连接的作用(如刚性的-可动的、可拆卸的-不可拆卸的)、连接结构(如对接、搭接、并接、角接)、连接位置的剖面形状(板件-实心件、板件-板件等)、结合的种类(如力结合、形状结合、材料结合)、制造和连接公差、可连接性(材料结合)、连接的要求(负荷)及实现的程度、连接方向与受力方向、实现自动化的可能性、可检验性及质量参数的保证率。各种连接方法按照容易实现自动化程度由高至低排列，依次为压接、翻边、搭接、收缩、焊接、铆接、螺纹连接、对茬接、挂接、咬边、钎焊、粘接。

表 2-4　各种连接方法的技术经济特性

连接方法	力	装配成品	外形	可靠性	可视性检验	可维修性	定心误差	适合小件	适合大件
螺纹连接	●	○	○	●	●	●	◐	○	●
电阻焊	●	●	◐	○	○	○	○	●	●
电弧焊	●	◐	◐	◐	◐	◐	○	◐	●
硬钎焊	●	○	●	●	●	●	○	●	●
铆接	●	◐	◐	●	●	●	●	●	●
开槽	●	●	○	◐	●	●	●	◐	○
搭接	◐	●	●	◐	●	●	●	●	○
粘接	○	◐	●	◐	○	○	○	●	◐
特殊连接	◐	○	○	◐	●	●	○	○	●

注：●—适合；○—不适合。

装配过程中的装配动作以及连接力和传输力的分布是开发装配机械和装配单元的依据。装配动作过程决定了装配机械的运动模式，典型的连接动作要求如表 2-5 所示。

表 2-5　典型的连接动作要求

名　称	原　理	运　动	说　明
插入（简单连接）		↓	有间隙连接，靠形状定心
插入并旋转		↻	属于形状偶合连接
适配		✳	为寻找正确的位置精密地补偿
插入并锁住		↓ ←	顺序进行两次简单连接
旋入		↻	两种运动的复合，一边旋转一边按螺距往里钻
压入		⇐	过盈连接

续表

名　称	原　理	运　动	说　明
取走		↑	从零件储备仓取走零件
运动		↻	零件位置和方向的变化
变形连接	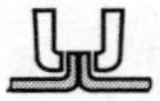	⇨⇦	通过方向相对的压力来连接
通过材料来连接		⟰	钎焊、熔焊等
临时连接		◂◂▸	为搬送做准备

2.2　装配生产线设计基础

2.2.1　手工装配生产线节拍与工序设计

(1) 手工装配生产线的基本结构

目前国内制造业中手工装配生产线是最基本的生产方式之一，具有成本低廉、生产组织灵活的特点，应用于家电、轻工、电子、玩具等制造行业中许多产品的装配。对于需求量较大、产品相同或相似、装配过程可分解为小的操作工序；采用自动化装配技术难度较大或成本不经济，一般采用手工装配生产线进行装配。适合在手工装配生产线上进行的工序有：采用胶水的黏结工序、密封件的安装、电弧焊、火焰钎焊、锡焊、点焊、开口销连接、零件插入、挤压装配、铆接、搭扣连接、螺纹连接等。

手工装配生产线是在自动化输送装置（如皮带输送线、链条输送线等）基础上由一系列工人按一定的次序组成的工作站系统，如图 2-9 所示。每位工人（或多位）作为一个工作站或一个工位，完成产品制造装配过程中的不同工序。当产品经过全部工人装配操作后，最终变为成品。如果生产线只完成部分工序的装配工作，则生产出来的是半成品。

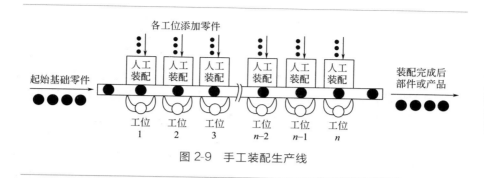

图2-9 手工装配生产线

手工装配生产线上产品的输送系统有多种形式，如皮带输送线、倍速链输送线、滚筒输送线、悬挂链输送线等。输送方式既可以是连续式的，也可以是间歇式的。在手工装配生产线上可以进行各种装配操作，如焊接、放入零件或部件、螺钉螺母装配紧固、胶水涂布、贴标签条码、压紧、检测、包装等。手工装配生产线中工人的操作方式包括：可以直接对输送线上的产品上进行装配，产品随输送线一起运动，工人也随之移动，操作完成后工人再返回原位置；也可以将产品从输送线上取下，在输送线旁边的工作台上完成装配后再送回到输送线上；还可以通过工装板在输送线上输送工件，工装板到达装配位置后停下来重新定位，由工人进行装配，装配完成后工装板及工件再随输送线运动。

每个工位的操作工序既可以是工序时间较长的单个工序，也可以是工序时间较短的多个工序。工位的排列次序是根据产品的生产工艺流程要求经过特别设计安排的，一般不能调换。工人在操作过程中可以是手工装配，但更多地使用了手动或电动、气动工具，也可以有少数工序是由机器自动完成的，或者在工人的辅助操作下由机器完成。

（2）手工装配生产线基本概念

① 工位 生产线由一系列工位组成，每个工位由一名工人完成工作，也可以由多名工人共同完成工作。其工作内容可能为一个装配工序，也可能为多个装配工序。

② 工艺操作时间 某一工位实际用于装配作业的时间，一般用 T_{si} 表示。根据工序内容不同，每个工位工艺操作时间是不同的。

③ 空余时间 在一定的生产节奏（或节拍）下，由于每一工位所需要的装配时间不同，大部分工位完成工作后尚有一定的剩余时间，该时间通常称为空余时间，一般用 T_{di} 表示。后一工位的工作需要等待前一工位完成后才能进行，以使整条生产线以相同的节奏进行。

④ 再定位时间　手工装配生产线上经常需要部分时间进行一些辅助操作，例如：零件在随行夹具上随生产线一起运动，工人边操作边随生产线一起移动位置，完成工序操作后又马上返回到原位置开始对下一个刚完成上一道工序的零件进行操作；零件在工装板上随生产线一起运动，工装板输送到位后需要通过一定的机构（例如定位销）对工装板进行再定位，然后工人才开始工序操作。通常将上述时间称为再定位时间，再定位时间包括工人的再定位时间、工件（工装板）的再定位时间或两者之和（如果同时存在）。尽管每个工位的再定位时间会有所不同，但是分析时一般假设各工位上述时间相等而且取各工位上述时间的平均值，通常用 T_r 表示。

⑤ 总装配时间　在生产线上装配产品的各道装配工序时间的总和，一般用 T_{wc} 表示，单位为 min。

⑥ 瓶颈工位　在生产线上的一系列工位需要的工艺操作时间不同，但必有一个工艺操作时间最长的工位，称为瓶颈工位。一条生产线至少有一个工位为瓶颈工位，它所需要的工作时间最长、空余时间最短。瓶颈工位决定了整条生产线的节拍速度。

⑦ 平均生产效率　平均生产效率是指手工装配生产线在单位时间内所能完成产品（或半成品）的件数，一般用 R_p 表示，单位为件/h、件/min。自动化专机或自动化生产线的平均生产效率也具有同样的意义。

平均生产效率也可以由年产量计划除以一年中总有效生产时间来表示：

$$R_p = \frac{D_a}{50SH} \tag{2-1}$$

式中　R_p——平均生产效率，件/h；

$\quad\quad D_a$——年产量计划，件；

$\quad\quad S$——每周工作天数；

$\quad\quad H$——每天工作时间，h；

$50SH$——每年 50 周的总工作小时数。

⑧ 节拍时间　节拍时间是手工装配生产线在稳定生产前提下每生产一件产品（或半成品）所需要的时间，一般用 T_c 表示，单位为 min/件、s/件。对每一工位而言，节拍时间等于该工位的再定位时间、工艺操作时间、空余时间三者之和。虽然各工位上的再定位时间、工艺操作时间、空余时间可能各有差别，但是生产线上每一工位的节拍时间是相同的。

生产线在实际运行时经常会因为种种原因导致实际工作时间的损失，

例如设备故障停机、意外停电、零件缺料、产品质量问题、工人健康问题等。这种时间损失通常用生产线的使用效率 η 来表示。实际工程中手工装配生产线的使用效率一般可以达到 $90\%\sim98\%$。考虑生产线的实际使用效率，则实际节拍时间为

$$T_\mathrm{c} = \frac{60\eta}{R_\mathrm{p}} \tag{2-2}$$

式中　η ——生产线使用效率；

　　T_c ——实际节拍时间，min/件。

在最理想的情况下，当生产线的使用效率为 100% 时，生产线的理想生产效率为

$$R_\mathrm{c} = \frac{60}{T_\mathrm{c}} \tag{2-3}$$

式中　R_c ——生产线的理想生产效率，件/h。

理想生产效率要比所需要的平均生产效率 R_p 高，因为生产线的使用效率 η 低于 100%，因此生产线的使用效率 η 也可以表示为

$$\eta = \frac{R_\mathrm{p}}{R_\mathrm{c}} \times 100\% \tag{2-4}$$

由于瓶颈工位决定了整条生产线的节拍时间，而该工位上工人的操作速度是有变化的，通常所指的整条生产线的节拍时间实际上是指平均节拍时间。

（3）手工装配生产线工序设计

手工装配生产线的设计目标是在满足年生产计划要求的前提下以最少数量的工人（即最低的制造成本）来组织生产，主要包括工序流程设计、工人数量设计、生产线平衡、生产线评价等。

① 生产线的工序设计　产品的装配过程是由一系列工序组成的，生产线就是按一定的合理次序完成产品的装配过程。工序设计主要包含两方面。

a. 将总装配工作量分解为合理的、最小的一系列单个工序。

b. 各工序的安排次序必须符合产品本身的装配工艺流程。

② 生产线的工人数量设计　采用"网络图法"对全部工序向各工位进行分配，确定生产线所需工人数量的步骤。

a. 将各工序按工艺流程的先后次序以节点形式画成网络图，节点序号即表示工序号，并将该工序对应的工艺操作时间写在序号旁，箭头方向表示两相邻工序的先后次序，如图 2-10 所示。

b. 从网络图最初的节点（工序）开始，将相邻的符合工艺次序且总工艺操作时间不超过允许的工艺操作时间（节拍时间）的一个（或多个）

工序分配给第 1 个工位；如果可能超过允许的工艺操作时间，则将该工序分配到下一个工位。

c. 从剩余的最前面的节点开始，继续按上述要求依次分配给第 2、3、…个工位，直到将全部的工序分配完为止，全部的工位数就是所需要的工人数量。

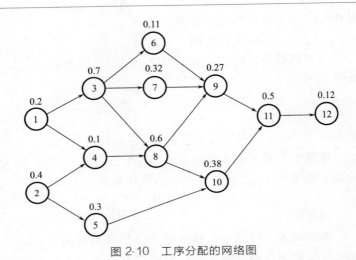

图 2-10 工序分配的网络图

③ 生产线平衡　在设计手工装配生产线时，在同样的节拍时间下，合理设计生产线的工序，缩小各工位间的工艺操作时间差距，缩短各工位的空余时间，减少人力资源的浪费，使所需要的工人数量最少，这就是生产线平衡。通常采用以下措施进行生产线平衡。

a. 将复杂工序尽可能分解为多个简单工序，直接缩短生产线的节拍时间。

b. 对于实在无法分解为多个简单工序的复杂工序，可以在该工位上设置 2 名或多名工人同时从事该工序的操作，从而满足更短节拍时间的要求。

c. 将普通的直线形生产线设计为相互错开、相对独立的多个工段，提高整条生产线的生产效率。

d. 在某些含有机器自动操作或半自动操作的生产线上，将人工操作与机器的自动或半自动操作结合起来，可以充分利用工人的闲暇时间，提高生产线的生产效率。

④ 生产线评价　手工装配生产线的设计目标是用最少的工人数量，达到最大的劳动生产效率。目前，通常从以下三个方面评价手工装配生

产线的设计效果。

a. 生产线平衡效率。为了衡量生产线的平衡效果，通常用生产线的平衡效率 η_b 来表示：

$$\eta_b = \frac{T_{wc}}{WT_s} \times 100\% \tag{2-5}$$

式中　T_{wc}——产品各工序总装配时间，min；

　　　W——实际工人数量；

　　　T_s——各工位中的最大工艺操作时间，min/件。

平衡效率 η_b 越高，表示产品总装配时间 T_{wc} 与 WT_s 越接近，空余时间越短，生产线平衡效果越好。最理想的平衡水平为平衡效率等于 100%，实际工程中比较典型的平衡效率一般在 90%~95% 之间。

b. 生产线实际使用效率。生产线实际的开工运行时间要少于理论上可以运行的时间，因此生产线的使用效率 η 总是小于 100%，其实际大小取决于设备的管理维护水平及生产组织管理工作的质量。

c. 再定位效率。在每个工位的时间构成中，工人需要将零件从输送线上取下、完成装配后将零件又送回输送线，或者工人需要随零件一起在输送线的不同位置之间来回移动，或者需要对工装板进行再定位，因此存在各工位平均再定位时间 T_r。通常将生产线各工位中的最大工艺操作时间 $\max\{T_{si}\}$ 与整条生产线节拍时间 T_c 的比值定义为再定位效率，通常用 η_r 表示：

$$\eta_r = \frac{\max\{T_{si}\}}{T_c} \times 100\% = \frac{T_c - T_r}{T_c} \times 100\% \tag{2-6}$$

式中，$\max\{T_{si}\}$ 实际上就是瓶颈工位的工艺操作时间 T_s，T_r 为各工序平均再定位时间。

d. 考虑上述各种效率后生产线实际需要的工人数量 W。考虑生产线的平衡效率 η_b、再定位效率使用效率 η_r、使用效率 η 后，生产线实际需要的工人数量 W 为

$$W = 最小整数 \geqslant \frac{R_p T_c}{60\eta\eta_b\eta_r} = \frac{T_{wc}}{T_s\eta_b} \tag{2-7}$$

式中　T_{wc}——总装配时间，min；

　　　T_c——实际节拍时间，min/件；

　　　η_b——生产线的平衡效率；

　　　η_r——生产线的再定位效率；

　　　T_s——瓶颈工位的工艺操作时间，min。

2.2.2 自动化装配生产线节拍与工序设计

(1) 单个装配工作站组成的自动化专机结构

单个装配工作站组成的自动化专机是自动装配机械的基本形式，由各种各样的直线运动模块组合而成，其结构原理如图 2-11 所示。在水平面上互相垂直的左右、前后方向上分别完成零件的上料、卸料动作（或将零件从暂存位置移送到装配操作位置）；上下方向则通常设计各种装配执行机构，完成产品的各种加工、装配或检测工艺工作（如螺纹连接、铆接、焊接、检测等）。其中，上料、卸料动作通常采用振盘、料仓送料装置、机械手等装置完成。

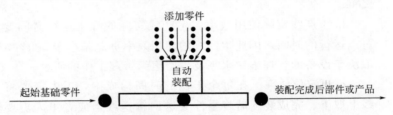

图 2-11 由单个装配工作站组成的自动化专机结构原理图

(2) 单个装配工作站组成的自动化专机节拍

① 理论节拍时间 单个装配工作站组成的自动化专机节拍时间由工艺操作时间和辅助作业时间组成。工艺操作时间是直接完成机器的核心功能（例如各种装配等工序动作）占用的时间。辅助作业时间是在一个循环周期内完成零件的上料、换向、夹紧、卸料等辅助动作所需要的时间。

假设各种操作动作没有重叠，则这类自动化专机的理论节拍时间为

$$T_c = T_s + T_r \tag{2-8}$$

式中 T_c ——专机的理论节拍时间，min/件或 s/件；

T_s ——专机的工艺操作时间的总和，min/件或 s/件；

T_r ——专机的辅助作业时间的总和，min/件或 s/件。

② 理论生产效率 专机的生产效率是指专机在单位时间内能够完成加工或装配的产品数量：

$$R_c = \frac{60}{T_c} = \frac{60}{T_s + T_r} \tag{2-9}$$

式中 R_c ——专机的理论生产效率，件/h。

③ 实际节拍时间　实际上，在自动化装配生产中经常会因为零件尺寸不一致而出现供料堵塞、机器自动暂停的现象，这个问题始终是自动化装配生产中最头痛的问题。因此，实际的节拍时间应考虑零件送料堵塞停机带来的时间损失。对于零件质量问题导致的送料堵塞可以用该零件的质量缺陷率及一个缺陷零件会造成供料堵塞停机的平均概率来衡量，对于那些不涉及零件添加的连接动作，可以采用每次发生停机的概率来表示。因此，每次装配循环（即一个节拍循环）有可能带来的平均停机时间及实际节拍时间分别为

$$p_i = q_i m_i \tag{2-10}$$

$$F = \sum_{i=1}^{n} p_i \tag{2-11}$$

$$T_p = T_c + F T_d \tag{2-12}$$

式中　p_i——每个零件在每次装配循环中产生堵塞停机的平均概率，或不添加零件动作的平均概率，$i = 1, 2, \cdots, n$；

m_i——零件的质量缺陷率，$i = 1, 2, \cdots, n$；

q_i——每个缺陷零件在装配时造成送料堵塞停机的平均概率，$i = 1, 2, \cdots, n$；

n——专机上具体的装配动作数量；

F——专机每个节拍循环的平均停机概率，次/循环；

T_d——专机每次送料堵塞停机及清除缺陷零件所需要的平均时间，min/次；

T_c——专机的理论节拍时间，min/件；

T_p——专机的实际平均节拍时间，min/件。

④ 实际生产效率　实际的生产效率为

$$R_p = \frac{60}{T_p} \tag{2-13}$$

考虑送料堵塞停机的时间损失后，专机的实际使用效率为

$$\eta = \frac{T_c}{T_p} \times 100\% \tag{2-14}$$

式中　η——专机的使用效率，%。

可以从时间同步和空间重叠两个方面进行节拍优化设计。

① 时间同步优化。为了缩短机器的节拍时间，部分机构的运动在满足工艺要求的前提下是可以重叠的，在可能的情况下使部分机构的动作（通常为辅助操作）尽可能重叠或同时进行。

② 空间重叠优化。部分机构的运动在空间上有可能会发生干涉。为

了缩短机器的节拍时间，可以使上述机构同时动作，使它们的运动轨迹在空间进行部分重叠。这种重叠是以相关机构不发生空间上的干涉为前提的，这就是机构运动空间的优化。

（3）自动化装配生产线结构组成

自动化装配生产线上由各种自动化装配专机来完成各种装配工序，其结构原理示意如图 2-12 所示。自动化装配生产线在结构上主要包括输送系统，各种分料、挡停及换向机构，自动上下料装置，自动化装配专机，传感器与控制系统。

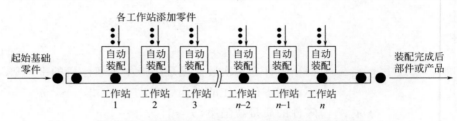

图 2-12　典型的自动化装配生产线结构原理示意图

① 输送系统　输送系统通常都采用连续运行的方式，最典型的输送线有皮带输送线、平顶链输送线等。通常将输送线设计为直线形式，各种自动化装配专机直接放置在输送线的上方。

② 分料、挡停及换向机构　由于零件是按专机排列次序经过逐台专机的装配完成全部装配工序的，通常在输送线上每台专机的前方都先设计有分料机构，将连续排列的零件分隔开，然后再设置各种挡停机构，组成各专机所需要的零件暂存位置。工件到达该挡停暂存位置后，经过传感器确认后专机上的机械手从该位置抓取零件放入定位夹具，然后进行装配工艺操作。最后由专机上的机械手将完成装配操作的零件又送回输送线继续向下一台专机输送。在需要改变零件的姿态时，就需要设置合适的换向机构，改变零件的姿态方向后再进行工序操作。

③ 自动上下料装置　应用最多的自动上下料装置就是振盘及机械手。振盘用于自动输送小型零件，如螺钉、螺母、铆钉、小型冲压件、小型注塑件、小型压铸件等。而机械手抓取的对象更广，既可以抓取很微小的零件，也可以抓取具有一定尺寸和质量的零件。为了简化结构，通常将自动上下料机械手直接设计成专机的一部分。采用配套的直线导轨机构与气缸组成上下、水平两个方向的直线运动系统，在上下运动手臂的末端加上吸盘或气动手指即可。

④ 自动化装配专机　自动化装配专机的组成系统主要包括定位夹具、装配执行机构、传感器与控制系统等。其中定位夹具根据具体零件的形状尺寸来设计；装配执行机构则随需要完成的工序而专门设计，而且大量采用直线导轨机构、直线轴承、滚珠丝杠机构等部件。通常在这类自动化装配专机上完成的工序有自动黏结、零件插入、半导体表面贴装、螺纹连接、铆接、调整、检测、标示、包装等。

⑤ 传感器与控制系统　每台专机需要完成各自的装配操作循环，必须具有相应的传感器与控制系统。为了使各台专机的装配循环组成一个协调的系统，在输送线上还必须设置各种对零件位置进行检测确认的传感器。通常采用顺序控制系统协调控制各专机的工序操作，前一台专机的工序完成后才进行下一台专机的工序操作，当前一台专机未完成工艺操作时相邻的下一台专机处于等待状态，直到零件经过最后一台专机后完成生产线上全部的工艺操作。

（4）自动化装配生产线节拍

① 理论节拍时间　零件从输送线的一端进入，首先进入第一台专机进行装配工序操作，工序操作完成后才通过输送线进入相邻的下一台专机进行工序操作，直至最后一台专机完成工序操作后得到成品或半成品。在全部专机中必有一台专机的工艺操作时间最长，该专机的作用类似于手工装配生产线上的瓶颈工位。当某一台专机还未完成工序操作时，即使下一台专机已经完成工序操作也必须暂停等待。假设各专机的节拍时间是固定的，而且输送线连续运行，则这种自动化装配生产线的节拍时间就等于节拍时间最长的专机的节拍时间，即

$$T_c = \max\{T_{si}\} \tag{2-15}$$

式中　T_c——自动化装配生产线的理论节拍时间，$\min/$件；
　　　T_{si}——自动化装配生产线中各专机的节拍时间［其中 $i = 1$，2，
　　　　　　$\cdots$，n（n 为专机的台数）］，$\min/$件。

② 理论生产效率　自动化装配生产线的理论生产效率为

$$R_c = \frac{60}{T_c} = \frac{60}{\max\{T_{si}\}} \tag{2-16}$$

式中　R_c——自动化装配生产线的理论生产效率，件$/h$。

③ 实际节拍时间与实际生产效率　自动化装配生产线会因为零件尺寸不一致导致送料堵塞停机，自动化专机及输送线也会因为机械或电气故障导致停机，因此在评估生产线的实际节拍时间及生产效率时需要考虑上述两个因素，并根据使用经验统计出现零件堵塞的平均概率及平均处理时间、机器出现故障的平均概率及平均处理时间，然后分摊到每一

个工作循环。实际平均节拍时间为

$$T_p = T_c + npT_d \tag{2-17}$$

式中　T_p——自动化装配生产线的实际平均节拍时间，min/件；

　　　　T_c——自动化装配生产线上耗时最长专机的节拍时间，min/件；

　　　　n——自动化装配生产线中自动专机的数量；

　　　　p——自动化装配生产线中每台专机每个节拍的平均停机频率，次/循环；

　　　　T_d——自动化装配生产线每次平均停机时间，min/次。

实际平均生产效率为

$$R_p = \frac{60}{T_p} \tag{2-18}$$

式中　R_p——自动化装配生产线的实际平均生产效率，件/h。

④ 提高自动化装配生产线生产效率的途径　自动化装配生产线的生产效率决定了生产线单位时间内所完成产品的数量，生产效率越高，分摊到每个产品上的设备成本也就越低。提高自动化装配生产线的生产效率途径：提高整条生产线中节拍时间最长的专机的生产速度；提高装配零件的质量水平；尽量平衡各专机的节拍时间；提高专机的可靠性；在专机的设计过程中考虑设备的可维修性，简化设备结构。

（5）自动化装配生产线工序设计

整条生产线的节拍时间与组成生产线的各专机的节拍时间（尤其是个别专机的节拍时间）密切相关，节拍设计是自动化生产线设计的重要内容之一。节拍设计是在生产线总体方案设计阶段进行的，不仅与装配专机本身的速度（节拍时间）有关，还与生产线的工序设计密切相关。自动化装配生产线的工序设计是节拍设计的基础，工序设计的主要内容如下。

① 确定工序的合理先后次序　工序的先后次序既要满足制造工艺的次序，也要从降低设备制造难度及成本、简化生产线设计制造的角度进行分析优化。

② 对每台专机的工序内容进行合理分配和优化　分配给每台专机的工序内容应合理。如果某台专机的功能过于复杂，则该专机的节拍时间过长、结构过于复杂、设备的可靠性及可维修性降低，一旦出现故障将导致整条生产线停机。

③ 分析优化零件在全生产线上的姿态方向　工序设计时需要全盘考虑零件在生产线上的分料机构、换向机构、挡停机构，尽可能使这些机构的数量与种类最少，简化生产线设计制造。

④ 考虑节拍的平衡　在各台专机中需要尽可能使它们各自的节拍时间均衡，只有这样才能充分发挥整条生产线的效益，避免部分专机的浪费。

⑤ 提高整条生产线的可靠性　从工序设计的角度进行分析优化，不仅要简化专机的结构和提高专机的可靠性，还要使整条生产线结构简单、故障停机次数少、维修快捷以及提高整条生产线的可靠性。

由此可见，自动化装配生产线的工序设计的质量和水平直接决定了生产线上各专机的复杂程度、可靠性、整条生产线的生产效率、生产线制造成本等综合性能。

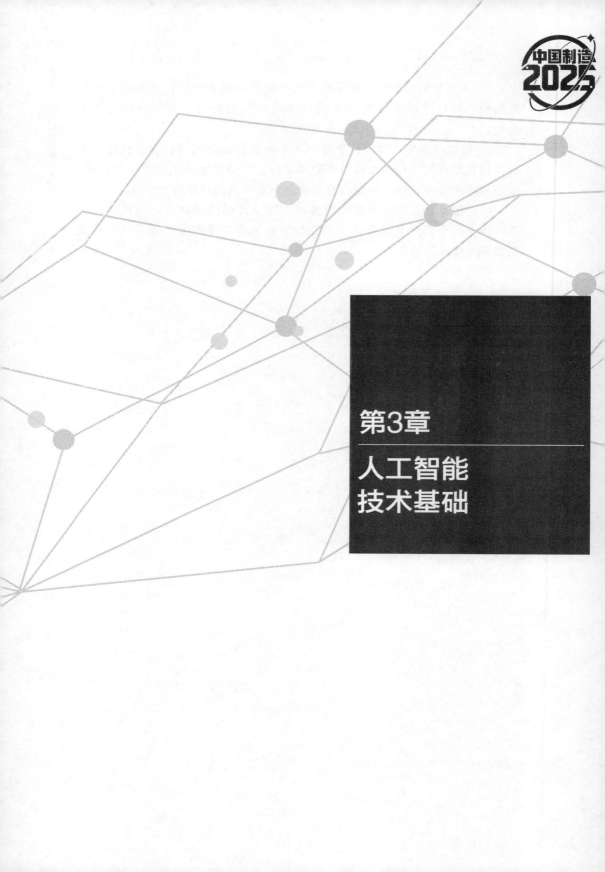

第3章

人工智能
技术基础

3.1 知识工程

3.1.1 知识表示

知识是人们在改造客观世界的实践中积累起来的认识和经验。领域性知识是指面向某个具体专业的专业性知识，只有相应专业领域的人员才能掌握并用来求解领域内的有关问题。目前大多数领域性知识，分为说明性知识、过程性知识、控制性知识三类。说明性知识用于描述事物的概念、定义、属性或状态、环境条件等，回答"是什么""为什么"。过程性知识是用于问题求解过程的操作、演算和行为的知识，是如何使用事实性知识的知识，回答"怎么做"。控制性知识是如何使用过程性知识的知识，例如推理策略、搜索策略、不确定性的传播策略等。

领域性知识中可以给出其真值为"真"或"假"的知识是确定性知识，是可以精确表示的知识。不确定性知识是指具有不确定特性（不精确、模糊、不完备）的知识。不精确是指知识本身有真假，但由于受认识水平等限制不能肯定知识的真假，可以用可信度、概率等描述。模糊是指知识本身的边界就是不清楚的，例如大、小等，可以用可能性、隶属度来描述。不完备是指解决问题时不具备解决该问题的全部知识。

人工智能问题的求解是以知识表示为基础的。知识表示实际上就是对知识的描述，即用一些约定的符号把知识编码成一组能被计算机接受并便于系统使用的数据结构。只有适当的表示方法，才便于知识在计算机中有效存储、检索、使用和修改。一个好的知识表示方法应满足以下几点要求。

a. 具有良好定义的语法和语义。

b. 有充分的表达能力，能清晰地表达有关领域的各种知识。

c. 便于有效推理和检索，具有较强的问题求解能力，适合于应用问题的要求，提高推理和检索的效率。

d. 便于知识共享和知识获取。

e. 容易管理，易于维护知识库的完整性和一致性。

恰当的数据结构对表达知识至关重要，常用的知识表示方法有一阶谓词逻辑表示法、产生式规则表示法、框架表示法、语义网络表示法、本体表示法等。

（1）一阶谓词逻辑表示法

逻辑表示法是一种叙述性知识表示方法。以谓词形式来表示动作的主体、客体，利用逻辑公式描述对象、性质、状况和关系。逻辑表达研究的是假设与结论之间的蕴含关系，即用逻辑方法推理的规律。逻辑表示法主要分为命题逻辑（Propositional Logic）、一阶谓词逻辑（First-Order Predicate Logic）和模糊逻辑（Fuzzy Logic）等。下面是三个典型的例子。

a.命题逻辑，即陈述性的命题，如 It's raining。

b.一阶谓词逻辑，即判断性的命题，如 He is a man。

c.模糊逻辑，即不确定的命题，如 Most boys are singing。

一阶谓词逻辑表示法接近于自然语言系统且比较灵活，容易被人们理解；谓词逻辑能很准确地表示知识，无二义性，易为计算机理解和操作；拥有通用的逻辑演算方法和推理规则，并保证推理过程的完全性；具有模块化特点，每个知识都是相对独立的。但是，这种表示方法不能很方便地描述有关领域中的复杂结构；逻辑推理过程往往太冗长，效率低；当用于大型知识库时，可能会发生"组合爆炸"。

（2）产生式规则表示法

产生式规则表示法的求解过程和人类求解问题的思维过程很像，可以用来模拟人类求解问题的思维过程。产生式系统的知识表示主要包括事实和规则两种表示。

事实可以看成是断言一个语言变量的值或是多个语言变量间的关系的陈述句。对于确定性知识，事实通常用一个三元组来表示，即（对象，属性，值）或（关系，对象 1，对象 2）。对于不确定性知识，事实通常用一个四元组来表示，即（对象，属性，值，可信度因子）或（关系，对象 1，对象 2，可信度因子）。其中，可信度因子是指该事实为真的可信程度，类似于模糊数学中的隶属程度，可以用 0～1 之间的数来表示。

规则表示的是事物间的因果关系，其表现形式为

$$P \rightarrow Q \text{ 或 IF } P \text{ THEN } Q$$

其中，P 表示前提条件，Q 表示所得到的结论或一组操作。若要得到结论，需要前提条件必须为真。产生式不仅可以表示确定性知识，还能表示不确定性知识。例如：

```
IF      条件
THEN    结论,可信度为 0.8
```

在该规则中，当前提条件满足时，就有结论可以相信的程度是 0.8，这个 0.8 是规则强度。

产生式系统由规则库（又称知识库）、综合数据库（又称事实库）以及推理机组成。规则库是某领域性知识用规则形式表示的集合。该集合包含了问题初始状态以及转换到目标状态所需要的所有变化规则。综合数据库用来存放当前与求解问题有关的各种信息的数据集合，包括问题的初始状态信息、目标状态信息以及在问题求解过程中产生的临时信息。当从规则库中取出的某规则的前提与综合数据库中的已知事实相匹配时，该规则被激活，由该规则库得到的结论就是中间信息，将被添加到综合数据库中。推理机（又称控制系统）由一组程序组成，用来控制和协调规则库与综合数据库的运行，决定了问题的推理方式和控制策略。即推理机按照一定的策略从规则库中选择与综合数据库中的已知事实相匹配的规则进行匹配，当匹配有多条时，推理机应能按照某种策略从中找出一条规则去执行，如果该规则的后件满足问题的约束，则停止推理；如果该规则的后件不是问题的目标，则当其为一个或多个结论时，把这些结论加入到综合数据库中，以此循环操作，直至满足结束条件为止。

根据以上推理过程，可以总结出产生式系统的问题求解一般步骤如下。

步骤 1：初始化综合数据库（事实库）。

步骤 2：检测规则库中是否有与综合数据库相匹配的规则，若有则执行步骤 3，否则执行步骤 4。

步骤 3：更新综合数据库，即添加步骤 2 所检测到与综合数据库匹配的规则，并将所有规则作标记。

步骤 4：验证综合数据库是否包含解，若有则终止求解过程，否则转步骤 2。

步骤 5：若规则库中不再提供更多的所需信息，则问题求解失败，否则更新综合数据库，转步骤 2。

产生式系统的正向推理也称为数据驱动式推理，从已知事实出发，通过规则库求得结论。其基本推理过程如下。

第 1 步：用数据库中的事实与可用规则集中所有规则的前件进行匹配，得到匹配的规则集合。

第 2 步：使用冲突解决算法，从匹配规则集合中选择一条规则作为启用规则。

第 3 步：执行启用规则的后件，将该启用规则的后件送入综合数据库或对综合数据库进行必要的修改。

第 4 步：重复这个过程，直到达到目标或者无可匹配规则为止。

产生式系统的逆向推理也称为目标驱动方式推理，它从目标出发反向使用规则，求得已知事实。其基本推理过程如下。

第1步：用规则库中的规则后件与目标事实进行匹配，得到匹配的规则集合。

第2步：使用冲突解决算法，从匹配规则集合中选择一条规则作为启用规则。

第3步：将启用规则的前件作为子目标。

第4步：重复这个过程，直至各子目标均为已知事实为止。

产生式系统符合人类的思维习惯，直观自然，便于推理；规则间没有相互的直接作用，每条规则可自由增删和修改；每条规则都具有统一的 IF-THEN 结构，便于检索和推理；既可以表示确定性知识，又可以表示不确定性知识。但是其求解过程是一种重复进行的"匹配→冲突消解→执行"过程，效率较低；具有结构关系或层次关系的知识很难以自然的方式来表示；当规则库不断扩大时，若要保证新的规则和已有规则没有矛盾就会越来越困难，规则库的一致性越来越难以实现；产生式系统中存在竞争问题，很难设计一个能适合各种情况下竞争消除的策略。

（3）框架表示法

框架表示法是以框架理论为基础的一种结构化知识表示方法。这种表示方法能够把知识的内部结构关系以及知识间的联系表示出来，具有面向对象和性质继承等特点，可被组织为严格的层次结构（树结构）或层次的网结构，能够体现知识间的承属性，符合人们观察事物时的思维方式。

框架是一种层次的数据结构，其主体是某个固定的概念、对象或事件。框架的下层由一些槽组成，表示主体每个方面的属性。框架下层的槽可以看成一种子框架，子框架本身还可以进一步分层次。相互关联的框架连接起来组成框架系统。一个框架表示一个由属性集合组成的对象或概念。框架的基本结构中包含以下几方面。

① 名字　框架具有唯一的名字，它提供一个标志，可为任何常量。

② 描述　这部分是框架的主体，由任意有限数目的槽组成。这些槽是数据和过程的组合模块，用于描述对象的性质（属性）或连接不同的其他框架。每个槽包含槽的名字和槽的值。一个框架中的每个槽具有唯一的名字，它局限于框架。因而不同的框架可以包含相同的槽名，例如年龄表示为槽，可被用于表示不同人的框架中，而不会发生概念的冲突。

③ 约束　每个槽可包含一组有关约束条件，如约束槽值的类型、数

量等。这些约束可用若干侧面表示。一种侧面表示槽值的最少个数和最多个数；一种侧面描述槽值的类型和取值范围，例如一个人的年龄必须是整型数字。另一种侧面是附加过程：如果加入过程（if-added）、如果删除过程（if-deleted）、如果需要过程（if-needed），它们描述对象的行为特征，用于控制槽值的存储和检索。

④ 关系　关系表达框架对象之间的知识关联，包括等级关系、语义相似关系、语义相关关系等静态关联，还有框架之间的互操作等动态关联。每个框架可以有一个或多个父辈节点，通过父-子链表达等级关系。框架中槽的值也可以是连接其他框架的链值。因此，框架可以通过槽的值相互关联，还可以使用规则相互动态连接。当一个系统中的不同框架共享同一个槽时，这个共享槽可以把从不同角度收集来的信息相互协调起来。

一个框架的基本结构由框架名、关系、槽、槽值及槽的约束条件与附加过程所组成。框架的一般描述形式如下：

```
〈框架名〉
〈关系〉
〈槽名 1〉〈值 1〉〈约束 1〉〈过程 1〉
〈槽名 2〉〈值 2〉〈约束 2〉〈过程 2〉
⋮
〈槽名n 〉〈值n 〉〈约束n 〉〈过程n 〉。
```

一个框架可以表达一个类对象，称为类节点（或原型框架）。它还可表达一个具体实体对象，称为实例节点（或实例框架）。只有在框架中填入具体的值，才能表示一个特定的实体，这个过程叫做框架的实例化。类之间的类属关系用 kind-of 表示，实例与类之间的关系用 inst-of 表示。

在框架表示法中，允许每个框架附加一些信息。这些信息用于描述领域的决策规则和有关活动，以建立对象和专知的行为模式。框架系统使用附加过程来表达行为信息。三种附加过程如下所示。

① if-added（如果加入过程）　用于存储和修改槽的值。当新的信息加入槽内时执行该过程，且首先检查给定的项目是否是某槽的合法值。

② if-deleted（如果删除过程）　从槽中删除信息时执行。

③ if-needed（如果需要过程）　用于控制槽值的检索，当需要某槽的值而该槽为空时，用某种方法产生槽的值。常用的方法有：继承一个值；参考一个期望值的表；向用户询问值；执行一个函数计算求值或运行一个演绎规则的集合获得一个值。如果需要过程可辅助提高检索的灵活性。

附加过程可用于检查、控制槽值的存储和检索，维护知识的正确性和完整性。附加过程还用于知识信息的动态管理，可以基于其他信息直接计算槽的值，或动态地决定槽值的可容许范围。在推理过程中，附加过程提供的自动触发规则的功能可用于修改框架的基本结构，如增加槽、增加或删除框架等。

框架表示法具有的存储、检索及动态知识管理的功能，提供了实现智能数据库的好方法。框架系统中使用的推理方法可分为如下三种类型。

① 面向检索的继承推理　这是一种以框架间层次关系的性质继承及利用默认值为主的推理策略。它的意思是低层框架可以继承较高层框架的性质。当检索某槽的值而该槽为空（默认值）时，可从该框架的父辈框架或其祖先框架中继承有关槽值、限制条件或附加过程。

② 面向过程的推理　框架表示法能把描述性知识与过程性知识的表示组合到同一数据结构中。因此，可利用槽中的附加过程（或子程序）实现控制。这个程序体放在另外的地方，以供多个框架共同使用。

③ 面向规则的推理　这是在综合运用框架表示法和产生式规则表示法的机制中使用的推理方式。框架与规则的连接有两种方式：将规则连入框架和将框架连入规则。

a. 将规则连入框架。也就是在框架中包含规则，即用附加过程调用规则集合，来控制信息的存储、检索和推理。但事实上，应用框架中的附加过程执行所有的推理，将起副作用。这种缠结结构产生的后果是，不仅理解和维护是困难的，而且效率低。

b. 将框架连入规则。这种方式将规则中的前提和结论表示为框架。在推理中，应用规则控制推理，而用框架组织智能数据库来维护推理所需要的知识。

框架表示法善于表示结构性知识，它能够把知识的内部结构关系以及知识间的特殊联系表示出来；可以从多方面、多重属性表示知识，还可以通过槽以嵌套结构分层地对知识进行表示；下层框架可以继承上层框架的槽值，也可以进行补充和修改，既减少知识冗余，又较好地保证知识的一致性；框架能够把与某个实体或实体集的相关特性都集中在一起，高度模拟人脑对实体多方面、多层次的存储结构，易于理解。但是至今还没有建立框架的形式理论，其推理和一致性检查机制并非基于良好定义的语义；框架系统不便于表示过程性知识，推理过程需要用到一些与领域无关的推理规则，而这些规则在框架系统中又不易表达；各框架本身的数据结构不一定相同，从而使框架系统的清晰性很难保证。

（4）语义网络表示法

语义网络（Semantic Networks）是由 Quillian 作为人类联想记忆的一个显式心理学模型提出的。1970 年，Simmon 将语义网络应用在自然语言理解的研究中，正式提出了语义网络的概念。语义网络表示领域性知识，一是表达事实性知识；二是表达这些事实间的联系，即能够从一些事实找到另一些事实的信息。语义网络是一种用语义和语义关系来表示且带有方向的网络图，由节点和弧（有向线段）组成。节点代表语义，即各种概念、事物、属性、状态、动作等；弧代表语义关系，表示两个语义之间的某种联系；弧的方向性表示节点间的主次关系。语义网络的结构如图 3-1 所示。在语义网络中为知识节点间的联系赋予权值，用于表示一些特殊的附加知识，如知识元素间的相关程度、知识联系的重要性、知识的置信度等。

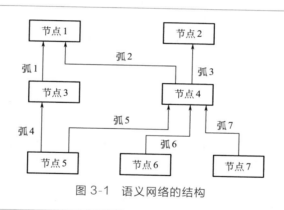

图 3-1　语义网络的结构

弧所表示的各种关系可以归纳为以下六类。

① 类属关系　类属关系（kind-of）是指具有共同性质的不同事物间的分类关系、成员关系或实例关系。类属关系最主要的特征是继承性。例如，专业图书馆是图书馆的一种类型。

② 整部关系　整部关系（part-of）表示整体与其组成部分之间的关系。例如，人体系统与器官之间的关系。

③ 属性关系　属性关系是指事物和其属性之间的关系。例如，Have 含义为"有"，表示一个节点具有另一个属性；Can 含义是"能""会"，表示一个事物能做另一件事情。

④ 位置关系　位置关系是指不同事物在位置方面的关系，节点间的属性不具有继承性。常用的位置关系有以下几个。

a. Located-on，含义为"在……上"，表示某一个物体在另一个物体之上。

b. Located-at，含义为"在"，表示某一个物体处在某一位置。

c. Located-under，含义为"在……下"，表示某一个物体在另一个物体之下。

d. Located-inside，含义为"在……内"，表示某一个物体在另一个物体之内。

e. Located-outside，含义为"在……外"，表示某一个物体在另一个物体之外。

⑤ 时序关系　时序关系是指不同事件在其发生时间方面的先后次序关系。例如，Before 表示一个事件在另一个事件之前发生；After 表示一个事件在另一个事件之后发生；At 表示某一事件发生的时间。

⑥ 其他语义相关关系　相关关系是指不同事物在形状、内容等方面相似、接近、相关等。常用的相近关系有以下两种：Similar-to，含义为"相似"，表示某一事物与另一事物相似；Near-to，含义为"接近"，表示某一事物与另一事物接近。

语义网络表示的问题求解系统主要由两部分组成：一是匹配推理方法，依据是语义网络构成的知识库存放的许多已知事实的语义网络；二是继承推理方法，即推理机。

匹配推理方法，是指在知识库的语义网络中寻找与待求解问题相符的语义网络模式，待求解问题是通过设立空的节点或弧来实现的。其推理过程如下。

a. 根据待求问题的要求构造局部语义网络，包含一些空节点或弧，即待求解的问题。

b. 根据该局部网络到知识库中寻找所需要的信息。

c. 当局部网络与知识库中的某个语义网络匹配时，则与未知处相匹配的事实就是问题的解。

继承推理方法是指将抽象事物的属性传递给具体事物。通常具有类属关系的事物之间具有继承性。继承一般包括值继承和方法继承两种。值继承又称为属性继承，它通常沿着语义关系链继承。方法继承又称为过程继承，属性值是通计算才能得到的，但它的计算方法是从上一层节点继承下来的。继承的一般过程如下。

a. 建立一个节点表，用来存放待求解节点和所有继承弧与此节点连接的那些节点。初始情况下，表中只有待求解节点。

b. 检查表中的第一个节点是否有继承弧。如果有继承弧，就把该弧所指的所有节点放节点表的末尾。记录这些节点的所有属性，并从节点表中删除第一个节点。如果没有继承弧，仅从节点表中删除第一个节点。

c.重复步骤 b，直到节点表为空。此时，记录下来的所有属性都是待求解节点继承来的属性。

语义网络是一种结构化的知识表示方法，将事物属性以及事物间的各种语义联系显式地表示出来，符合人们表达事物间关系的习惯；下层节点可以继承、新增和变异上层节点属性，实现信息的共享；基于联想记忆模型，可执行语义搜索，相关事实可以从其直接相连的节点中推导出来，而不必遍历整个庞大的知识库；利用等级关系可以建立分类层次结构实现继承推理。但是语义网络的主要缺点是：语义网络没有公认的形式表示体系，推理过程中有时不能区分物体的"类"和"个体"的特点，通过推理网络而实现的推理不能保证其正确性；网络结构复杂，建立和维护知识库较困难；网络搜索、调控的执行效率是难题。

（5）本体表示法

在人工智能领域，Neches 等最早给出了 Ontology 的定义，即"给出构成相关领域词汇的基本术语和关系，以及利用这些术语和关系构成的规定这些词汇外延的规则的定义"。斯坦福大学的 Gruber、Borst Pim 认为本体是一套得到大多数人认同的、关于概念体系的、明确的、形式化的规范说明。德国卡尔斯鲁厄大学的 Stude 等学者认为本体有以下四大特征。

① 明确（Explicit） 是指"被引用的概念所属的上位类与在使用此概念时的限制条件应预先得到明确的定义和说明"。

② 形式化（Formal） 是指"本体应该具有机器可读性"。本体的形式化程度有四个级别，即高度非形式化（自然语言形式）、半非形式化（受限的结构化自然语言形式）、半形式化（人工的、形式定义的语言形式）、严格形式化（形式化的语义、定理和证明）。

③ 共享（Shared） 是指在一个本体中，知识所表达的观念、观点应该"抓住知识的共性，也就是说，它不只是为某一小部分人所接受的，而是为整个群体所接受的"，体现的是共同认可的知识，反映的是相关领域中公认的概念集。

④ 概念化（Conceptualization） 是指"客观世界中某些现象的一个抽象模式，该模式是通过定义这些现象的相关概念形成的"。

一个本体其实就是一套关于某一领域概念的规范而清晰的描述。它包括类［classes，有时也被称作概念（concepts）］，每一个概念的属性（properties），描述了有关概念的各种特征和属性（又称 attributes），还有属性的限制条件（restrictions，也被称作 constraints），如图 3-2 所示。一个完整的本体还要包括一系列与某个类相关的实例（instances），这些实例组成了一个知识库（Knowledge Base，KB）。

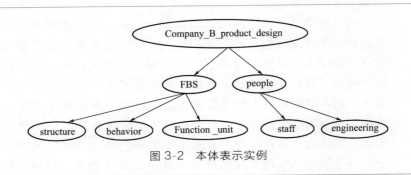

图 3-2　本体表示实例

本体的描述语言能将领域模型表达成清晰的、形式化的概念描述，其形式化的程度越高越有利于机器的自动处理。本体的表示方式主要有 4 类：①完全非形式化方式，用自然语言进行表示，结构非常松散，典型的如术语列表；②半非形式化方式，用受限的或结构化的自然语言进行表示，能有效提高本体的清晰度，减少模糊性，如 Enterprise Ontology 的文本版本；③半形式化方式，用人工定义的形式化语言进行表示，目前已有许多研究机构开发制定了这类形式化本体表示语言；④完全形式化方式，具有详细的概念项定义、语义关系的形式化定义以及稳固和完整的公理和证明。如果对本体的处理需要由机器自动完成，则其形式化程度越高越好。

目前本体知识表示法很多，按它们的支撑理论基础可分为三个：①自然语言，以自然语言处理为基础，从语法层次深入到语义和语用层次，揭示概念及其关联的语义知识；②一阶谓词逻辑，以形式逻辑为基础，应用知识概念的逻辑理论来描述知识模型；③框架和语义网络，以人类的认知模型和认知理论为基础，使本体的表示符合人类的认知规律。

当前的本体描述语言基本可以分为两大类，即基于谓词逻辑的本体表示语言和基于图的本体表示语言。基于谓词逻辑的本体表示语言采用了 XML 语法，比较有代表性的有 OIL（Ontology Interchange Language）、KIF（Knowledge Interchange Format）、Ontolingua、Loom、F-logic（Frame logic）、XOL（XML-based Ontology exchange Language）。基于图的本体表示语言的最大特点是直观，比较有代表性的有 WordNet

的语义网络、概念图（Conceptual Graghs）、Conceptual Representation、Directed Acyclic Graph（DAG）、Lexical Semantic Graph、Lexical Conceptual Graph（LCG）等。

　　本体表示法能够对文本中复杂的、多样化的知识及其隐含的深层语义进行有效处理，识别出领域概念的本质和联系，采用语义明确、定义统一的术语和概念使知识共享成为可能。本体表示法在语义表现、挖掘隐含信息方面有很大改善，使得知识表示关系丰富化。本体表示法以其清晰的层次性、关联性、便于共享、可重用、易于推理为知识的形式化描述提供了基础，成为语义理解的基石，便于系统间的知识共享和集成。

3.1.2　知识建模

（1）本体建模基元

　　知识表示可以看成是一组描述事物的约定，把人类知识表示成机器能处理的数据结构，采用 OWA 形式化定义，进行知识的本体建模。根据 OWA 形式化定义，本体包含 $\{C, A^C, R, A^R, H, X\}$。其中 C 表示某领域的概念集，A^C 是建立在 C 上的属性集，R 是建立在 C 上的关系集，A^R 是建立在 R 上的属性集，H 是建立在 C 上的概念层次，X 是公理集（指概念的属性值和关系的属性值的约束或者概念对象之间关系的约束）。

　　一个本体可由概念、关系、属性、函数、公理和实例等元素组成。

　　① 概念又称为类（Concept，Class）　类是相似术语所表达的概念的集合体。概念的含义非常广泛，可以指任何事物。

　　② 关系（Relation）　关系表示概念之间的关联，例如常用的关联有等级关系、等同关系、相似关系等语义关系。概念之间有四种基本关系：Part-of 是一种常见的本体关系，表达概念部分与整体的关系；Kind-of 表达概念间的继承关系，类似面向对象中的父类和子类之间的关系，从继承关系上实现知识之间的关联，实现沿着本体关系网的任意方向的追溯；Instance-of 表达实例和概念之间的关系，类似面向对象中的对象和类之间的关系；Attribute-of 表达某个概念是另一个概念的属性。在实际应用中，概念之间的关系不会局限于上述四种关系，可以根据特定领域的具体情况定义相应的关系，以满足需要。

　　③ 属性（Property，Slot）　属性用来描述类中的概念，具有限制类中概念和实例的功能。一些类具有某一属性，另外一些类不具有这一属性。属性是区分类的标准。属性具有继承性。一个属性必须具有相应的

属性值。

④ 函数（Function） 函数是关系（Relation）的特定表达形式。函数中规定的映射关系，可以使得推理从一个概念指向另一个概念。

⑤ 公理（Axiom） 公理是公认的事实或推理规则，用于知识推理。在本体中，属性、关系和函数都具有一定的关联和约束，这些约束就是公理。

⑥ 实例（Instance） 实例表示属于某个概念类的具体实体元素，也称为个体。归根结底，类是实例的类，实例是类的实例。函数是实例的函数，实例是函数的实例。实例是本体中最小对象。它具有原子性，即不可再分性。实例可以代入函数中进行运算，而函数的运算结果一定是另外一些实例或者类。类包含实例，而每个实例都有不属于其他实例的属性。

(2) 建立本体的方法

本体的开发是本体应用的基础。本体开发还没有成为一种工程性的活动，仍然需要各领域的专家按照自己的本体构建原则实现构建，不同的本体开发人员构建本体遵循不同的原则。

Gruber 在 1995 年根据本体的定义和构建目的给出了构建本体的五个原则：①清晰化原则；②一致性原则；③可扩展性原则；④编码偏好程度最小化原则；⑤本体约定最小化原则。这些原则对本体的构造给出了理论性指导。

Arpirez 提出面向具体操作的本体构建三原则：①概念名称命名标准化；②概念层次多样化；③语义距离最小化。

Perez 在 Gruber 的本体构建五原则的基础上进行了适当修改和扩充，并融合 Arpirez 等学者的观点，提出了被实践所证明的本体构建的十原则：①明确性；②客观性；③完全性；④一致性；⑤最大单调且可扩展性；⑥最小本体化承诺；⑦本体差别原则；⑧层次变化性；⑨最小模块耦合；⑩同属概念具有最小语义距离。

在确定本体的领域和范围时，通过回答一些问题（如本体覆盖的领域、本体的用途、本体中的信息应提供何种类型的答案、谁将使用和维护这些本体），就可以确定所需要建立的本体的大致框架。在确定了开发对象后检查是否有可重用的本体，当本体库不断丰富后，就可以大量借用原有本体，以方便开发。然后枚举本体中的术语，这些术语尽量要全面，包括各种声明和解释。接下来是本体构建的核心，定义本体类和类的层次关系。为进一步准确描述类，还要定义类的特性，并在此基础上定义类的属性约束，如属性基数约束、属性值的类型约束、属性的领域和范围、逆属性和属性默认值。在定义类和属性后填充相应的属性值，生成类的实例。随着人们对客观认识的不断深入，为了满足新应用的需求，对所建立的本体还要不断地修改和维护。

目前比较成形的本体开发方法有：Uschold 用于企业模拟的 Enterprise Ontology 方法；Gruninger Fox 的 TOVE 方法；西班牙马德里理工大学人工智能实验室提出的 METHONTOLOGY 方法；Fernandez 与 Dieng 等提出的本体的生命周期法开发方法；Berneras 等提出的 CommonKADS 和 KACTUS 方法。这些本体开发方法虽然有所不同，但是都包含一些主要过程，如图 3-3 所示。

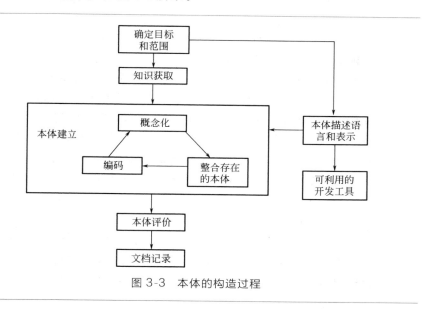

图 3-3　本体的构造过程

① 明确所建立本体的用途和确定本体的覆盖范围　首先明确构建的本体将覆盖的专业领域、应用本体的目的与作用以及它的系统开发、维护和应用对象，这些与领域本体的建立过程有着很大的联系。能力问题是由一系列基于该本体的知识系统应该能回答的问题组成，能力问题被用来检验该本体是否合适；本体是否包含了足够的信息来回答这些问题，问题的答案是否需要特定的细化或需要一个特定领域的表示。

② 建立本体　定义本体中所有术语的意思及其之间的各种关系。建立本体可由以下三个子步骤实现。

a. 本体获取：即确定关键的概念、关系和相应的公理，给出精确定义，并确定标识这些概念、关系和公理的术语。

b. 本体编码：选择合适的、形式化的表示语言表达概念、关系和公理。

　　c.本体集成：集成已经获取的概念或者关系的定义，使它们形成一个整体。

　　③ 本体评估　根据需求描述，从清晰性、一致性、完善性及可扩展性评估本体是否符合要求，如果不能则还要转回②。

　　④ 文档记录　把所开发的本体以及相关内容以文档形式记录下来。

　　(3) 本体开发工具

　　本体的开发是一项复杂的工程。任何领域都包括大量概念、概念的性质、概念之间的各种关联和约束等，若要正确地建立相关概念的本体，仅仅靠人手工完成是不现实的，本体建造工具（环境）可以极大简化本体建立。本体开发环境可以方便地存储和呈现已获取概念和概念之间的各种关系，便于本体工程师正确理解并添加新的概念和关系；本体开发环境可以帮助本体工程师查找、选择已有本体，通过重用已有本体降低新本体开发的工作量；本体开发环境可以自动检测本体中的知识是否一致，及时提醒用户改正本体中不一致的知识；本体开发环境可以提供共享机制，辅助多个用户共同完成本体的开发工作；本体开发环境可以提供本体的查询、推理和学习、不同本体语言和格式间的转换等。许多组织和团体开发了各种类型的本体开发工具，比较著名的本体开发工具有以下几个。

　　① Apollo　Apollo 是一个用 Java 实现的、界面友好的本体开发工具，用它可以方便地使用知识模型技术，而且不需要复杂的语法和环境。Apollo 支持所有基本的知识模型：本体、类、实例、函数和关系，在编辑过程中能够完成一致性检测，如能检测未定义的类。Apollo 定义了自己的语言来实现本体的存储，而且根据用户的不同需求把它导出为不同的表示语言。

　　② OILEd　OILEd 是由曼彻斯特大学计算机科学系信息管理组构建的基于 OIL 的图形化的本体编辑工具，它允许用户使用 DAML＋OIL 构建本体。它的基本设计受到类似工具（如 Protégé、OntoEdit）的很大影响，它的新颖之处在于对框架编辑器范例进行扩展，使之能处理表达能力强的语言；使用优化的描述逻辑推理引擎，支持可跟踪的推理服务。OILEd 更多地作为这些工具的原型测试和描述一些新方法，它不提供合作开发的能力，不支持大规模本体的开发，不支持本体的移植和合并、本体的版本控制以及本体构建期间本体工程师之间的讨论。

　　③ OntoEdit　OntoEdit 是由卡尔斯鲁厄大学开发的支持用图形化的方法实现本体开发和管理的工程环境。它将本体开发方法论（骨架法）与合作开发和推理的能力相结合，关注本体开发的三个步骤：收集需求

阶段、提炼阶段、评估阶段。OntoEdit 支持 RDF（S）、DAML＋OIL，OntoEdit 提供对于本体的并发操作。OntoEdit 不开放源代码，已经产品化。OntoEdit 具有很好的扩展性，支持各种插件，既可以扩展其建模功能，又可以丰富其输入/输出格式，适应不同用户的应用需要。

④ OntoSaurus　OntoSaurus 是南加州大学为 Loom 知识库开发的一个 Web 浏览工具，提供了一个与 Loom 知识库链接的图形接口。OntoSaurus 同时提供了一些对 Loom 知识库的编辑功能，然而它的主要功能是浏览本体。由于 OntoSaurus 使用 Loom 语言，它具有 Loom 语言提供的全部功能，例如支持自动的一致性检查、演绎推理，也支持多重继承。OntoSaurus 的本体开发方式是自顶向下的。它首先建立一个大的、通用的本体结构框架，然后逐步往这个框架添加领域性知识，形成内容丰富的本体。如果要创建一个本体，特别是比较复杂的本体，那么需要用户对 Loom 语言有一定的了解。对于一个新用户，使用 OntoSaurus 编辑本体不是很方便。

⑤ WebODE　WebODE 是马德里理工大学开发的一个本体建模工具，它支持 METHONTOLOGY 本体构建方法论，WebODE 是 ODE（Ontology Design Environment）的一个网络升级版本，并提供一些新的特性。WebODE 是通过 Java、RMI、COBRA、XML 等技术实现的，提供了很大的灵活性和可扩展性，可以方便地整合其他的应用服务。WebODE 支持的本体表示语言有 XML、RDF（S）、DAML＋OIL、OWL 等，WebODE 通过定义实例集来提高概念模型的可重用性。这个特性使得不同用户可以使用不同方法对同一个概念模型进行实例化，使得应用间的交互性得到提高。同时，WebODE 允许用户创建对本体的访问类型、使用组的概念，用户可以编辑或浏览一个本体，并且提供了同步机制来保证多个用户无差错地编辑同一个本体。

⑥ Protégé　Protégé 由斯坦福大学设计开发，是集本体论编辑和知识库编辑为一体的开发工具，是用 Java 编写的。Protégé 系列的界面风格与普通 Windows 应用程序风格一致，用户比较容易学习使用。它提供图形界面和交互式的本体论设计开发环境，开发人员直接对本体论进行导航和管理操作，利用树形控制方法迅速遍历本体论的类层次结构。

Protégé 以 OKBC 模型为基础，支持类、类的多重继承、模板、槽、槽的侧面和实例等知识表示要素，可以定义各种知识规则，如值范围、默认值、集合约束、互逆属性、元类、元类层次结构等。Protégé 最大的特点在于其可扩展性，它具有开放式接口，提供大量的插件，支持几乎所有形式的本体论表示语言，包括 XML、RDF（S）、OIL、DAML、

DAML＋OIL、OWL 等系列语言，并且可以将建立好的知识库以各种语言格式的文档导出，同时还支持各种格式间的转换。由于 Protégé 开放源代码，提供了本体建设的基本功能，使用简单方便，有详细友好的帮助文档，模块划分清晰，提供完全的 API 接口，因此它已成为国内外众多本体研究机构的首选开发工具。

本体是对客观概念及其关系的规范化说明，本体的开发步骤概括为：定义本体的类；安排类之间的层次；定义类的属性并描述属性的允许值；填充类的属性值形成本体的实例，如图 3-4 所示。

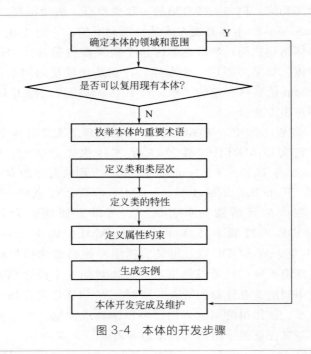

图 3-4　本体的开发步骤

使用 protégé 进行本体开发的基本过程如下。

a. 建立新的项目。打开 protégé，然后会出现对话框，单击 "Project" → "Create New Project…"，出现 "Create New Project" 对话框，选择 "OWL Flies（.owl or. rdf）" 后，单击 "Finish" 按钮。

b. 建立类。Protégé 的主页面中会出现 OWL Classes（OWL 类）、Properties（属性）、Forms（表单）、Individuals（个体）、Metedata（元类）这几个标签。我们选择 "OWL Classes" 来编辑。在 "Asserted Hierarchy"（添加阶层）中，在有所有类的超类 "owl：Thing" 上单击 "Asserted Hierarchy" 旁边的 "Create subclass" 或者在 "OWL：

Thing"右击选择"Create subclass",会出现 protégé 自动定义名为
"Class_1"的类。在右边的"CLASS EDITOR"(类编辑器)的"Name"
选项中,输入自定义的类名。

c.建立属性。属性的作用是表示两个个体之间的关系,主要分为两
种:事物关联(object properties)和数据类型关联(datatype proper-
ties)。事物关联连接两个个体。数据类型关联连接一个个体和一个 XML
Schema 数据类型值(XML Schema datatype value)或 RDF 描述(RDF
literal)。对于事物关联,新建一个"ObjectProperty",选择"Proper-
ties"标签,Name 改为"is_part_of",然后在右下角"Transitive"前
面打上对号,说明这是一个传递性属性。然后建立一个对象属性(owl:
ObjectProperty),在"Domain"(定义域)中定义该属性所属的主体类,
"Range"代表了该属性取值的范围,可以是一般的数据类型,也可以是
一个类的实例。最后建立属性的逆关系(owl:inverseOf)。

d.建立实例。为相关的属性进行赋值,创建本体实例。

3.1.3 知识检索与推理

(1)基于本体的知识检索

知识检索是根据用户需求或问题的实际情况找出可利用的知识使问
题得到圆满解决的过程。知识检索是在知识组织的基础上,通过知识关
联和概念语义检索,从知识库中检索出知识的过程。知识检索具有两个
显著特征:一是基于某种具有语义模型的知识组织体系。知识组织体系
与知识检索相辅相成,前者是后者实现的前提与基础,而后者则是前者
运用的结果。二是对资源对象进行基于元数据的语义标注。元数据是知
识组织系统的语义基础。因此只有以知识组织体系为基础,并对资源进
行语义标注,才能实现真正意义上的知识层面的检索。

知识检索的基本思想是充分利用知识内容和知识关联来实现检索,
例如概念检索、语义检索、启发式搜索等。启发式搜索利用知识关联和
人类的启发式知识(即经验知识),沿着最佳或最有希望的路径搜索。知
识检索还充分利用知识推理、机器学习等多种智能技术,从各种信息源
中有效地获取高质量的知识,具有较高程度的智能性和学习性。理想的
知识检索系统应具有以下基本特征。

a.检索机制和界面的设计均体现"面向用户"的思想,即用户可以
根据自己的需求灵活选择理想的检索策略与技术。

b.知识检索具有知识推理和学习功能,利用概念逻辑和人工智能逻
辑,实现多种语义推理、逻辑推理和学习、挖掘及知识发现,综合应用

各种分析、处理和智能技术，既能满足用户的现实信息需求，又能向用户提供潜在内容知识，全面提高检索效率。

c. 知识检索系统具有可视化、智能化检索功能。除提供关键词实现主题检索外，还可以结合各种结构化信息、半结构化信息和非结构化信息，提供多途径和多功能的检索。

本体具有良好的概念层次结构和逻辑推理能力，为知识检索提供了有效的知识表示方法、资源描述及查询所需要的全部概念词汇，并通过领域语义模型为知识资源提供语义标注信息，从而使系统内所有模块对领域内的知识形成统一的认识，提高检索系统的推理能力和精确性。知识本体作为组织领域知识的语义基础和本体概念对资源的语义标引满足了知识检索的两个特征需求，给长期困扰检索专家的知识组织和知识表示问题带来了良好的解决方案。

基于本体的知识组织能够充分表达知识元素的内容及其相互之间的各种关系，如静态的语义关系、逻辑关系和动态的互操作与控制关系等，能支持基于知识的逻辑推理和检索，因而有利于获取信息源深层的知识，有效提高检索效率。基于本体的知识检索不仅具有较高的查全率和查准率，而且在知识挖掘、智能性需求获取、知识定位以及检索结果处理等方面都有明显的优势。

a. 具有知识挖掘能力，体现在新词学习等方面。当使用本体作为知识组织方式时，就能将新词的描述词汇与本体中的具体概念名对应，并通过技术推理得出新词的具体含义。

b. 智能化程度高。运用本体良好的层次结构关系，可以对概念进行语义扩展，实现用户检索需求的智能获取。

c. 知识定位准确。以本体作为概念语义分析基础后，就可以缩小范围，准确地进行知识定位。

d. 检索结果综合。如果在相同领域下使用同一本体进行开发，就可以解决数据库异构的问题，使用户得到的知识更加全面。

本体的知识描述能力、逻辑推理能力以及形式化能力都更强。使用本体进行知识表示能对用户的检索请求进行统一且全方位的描述。本体内丰富的词汇语义关系及演绎规则为检索需求的进一步挖掘提供基础。以知识本体组织领域知识，构建一个涵盖领域概念及概念关系的领域本体库，形成具有语义关联的知识系统，作为知识表示与资源描述的语义模型。

概念语义扩展是基于本体概念的知识语义检索的前提。首先将初始概念映射到知识库中相关的概念和关系上，名词一般映射为概念，动词一般映射为关系；然后访问领域概念知识库，依据库中存储的领域知识概念语义关系（即本体中的概念之间的同义及上下义关系）进行概念扩展而得到对应的一组概念集，对用户所输入的概念进行语义关联扩充，以获得扩展概念集。对本体概念进行扩展是依据领域本体中的层次结构关系，查询扩展中常用的本体关系有：①同义词关系，扩展概念与查询概念是本体层次结构中的兄弟节点；②上下义关系，扩展概念与查询概念是本体层次结构中的父子节点。概念语义扩展基本思想就是以初始概念即查询关键词 K 为基础，将 K 进行查询语义扩展得到扩展集 K′。概念语义扩展的基本过程如图 3-5 所示。

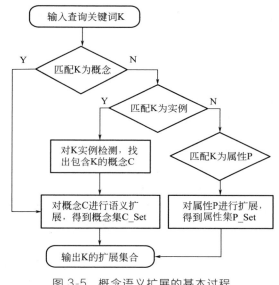

图 3-5　概念语义扩展的基本过程

从用户的初始概念，即查询关键词 K 出发，对查询关键词 K 进行语义扩展后得到 K 的扩展集合。K′的概念语义扩展的基本过程如下。

步骤 1：将 K 和领域本体中的概念、实例和属性进行匹配。如果 K 为本体中的概念，转到步骤 2；如果 K 为本体中的实例，转到步骤 3；如果 K 为本体中的属性，转到步骤 4。

步骤 2：K 为本体中的概念 C，对概念 C 进行语义扩展，主要用到了子关系、父关系和等价关系的扩展。概念的同义词和多义词对应于等价关系，上义词对应于父关系，下义词对应于子关系。用 [Ck]、[Fk] 和 [Ek] 分别表示与这个关键词 K 具有子关系、父关系和等价关系的概念集合，则 C 的扩展集 C_Set＝{C,[Ck],[Fk],[Ek]}＝K'。

步骤 3：K 为本体中的实例，则对 K 进行实例检测推理出包含 K 的概念 C，然后转到步骤 2。

步骤 4：K 为本体中的属性 P，对属性 P 进行语义扩展，主要应用子属性、父属性和等价属性的扩展。用 [PCk]、[PFk] 和 [PEk] 分别表示与这个关键词 K 具有子属性、父属性和等价属性的属性集合，则 P 的扩展集 P_Set＝{P,[PCk],[PFk],[PEk]}＝K'。

访问概念知识库，对初始概念进行泛化处理、下溯处理以及同级扩展等操作，寻找和用户输入概念匹配的节点，再将这个新的概念节点作为源节点，激活与其语义相关的其他概念节点，依次类推，不断激活更多的语义相关节点，直到没有新的概念被激活为止，以实现语义关联扩充。以扩展概念集为基础，进入知识检索过程。访问知识本体库时，根据知识库中的概念和规则分析、确定检索请求与知识系统的概念相似度，进行知识检索匹配，获得与扩展概念集相匹配的知识集合，对检索结果进行分析、过滤、转换、分类与整合，学习和提取知识，生成匹配结果。基于本体的知识检索模型主要通过本体概念内容、知识结构及其关联规则实现对深层知识内容的检索，如图 3-6 所示。

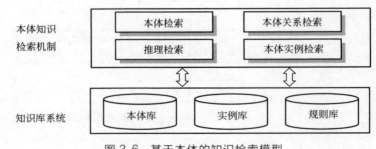

图 3-6　基于本体的知识检索模型

本体知识检索机制提供了语义概念检索、本体关系检索、规则推理检索、本体实例检索等功能。

① 语义概念检索　在本体库提供的概念空间的基础上实现语义概念的逻辑匹配检索，提供粗粒度和细粒度的检索操作，提供弹性语义范围及精确的语义匹配检索。

② 本体关系检索　在语义提取过程中，保存本体之间的层级关系、语义关联等各种关系，支持直接的不同深度的关系检索。

③ 规则推理检索　推理检索主要建立在知识资源组织的层级体系、

属性体系和语义概念关系体系的基础上。表达这些关系的主要规则包括父子对象类之间的传递规则、知识对象类的组合规则、性质继承规则和其他逻辑关系推理规则。基于规则的推理检索可以对知识资源实现不同深度、不同广度的检索，尤其可以获得知识系统中隐含的知识。

④ 本体实例检索　该检索模式直接对本体实例库中的元素及其属性和关联进行检索。

查询结果分析系统处理，依据概念语义扩展时扩展概念与初始概念间有着不同的相关度，依据相关度的计算公式计算出它们之间的相关度，对检索结果进行排序，以一种清晰、合理的方式返回检索结果。

（2）基于本体的知识推理

推理是从已知的事实出发，通过运用已掌握的知识，找出其中蕴含的事实或归纳出新的知识的过程。按照推理的逻辑基础，常用的推理方法可分为演绎推理和归纳推理。

① 演绎推理　演绎推理是从已知的一般性知识推出蕴含在这些知识中的适合于某种个别情况的结论。它是由一般到个别的推理方法，其核心是三段论。常用的三段论由一个大前提、一个小前提和一个结论三个部分组成。其中，大前提是已知的一般性知识或推理过程得到的判断；小前提是关于某种具体情况或某个具体实例的判断；结论是由大前提推出的，并且适合于小前提的判断。

② 归纳推理　归纳推理是从一类事物的大量特殊事例出发，而推出该类事物的一般性结论。它是由个别到一般的推理方法。归纳推理的基本思想是：首先从已知事实中猜测出一个结论，然后对这个结论的正确性加以证明确认。完全归纳推理是指在进行归纳时需要考察相应事物的全部对象，并根据这些对象是否都具有某种属性来推出该类事物是否具有此属性。不完全归纳推理是指在归纳时只考察相应事物的部分对象，就得出关于该事物的结论。枚举归纳推理是指在进行归纳时，如果已知某类事物的有限个具体事物都具有某属性，则可推出该类事物都具有此属性。类比归纳推理是指在两个或两类事物有许多属性都相同或相似的基础上，推出它们在其他属性也相同或相似。

知识推理不仅依赖于所用的推理方法，也依赖于推理的控制策略。推理的控制策略是指如何使用领域性知识使推理过程尽快达到目标的策略。由于智能系统的推理过程一般表现为一种搜索过程，因此推理的控制策略又可分为推理策略和搜索策略。其中，推理策略主要解决推理方向、冲突消解等问题，如推理方向控制策略、求解策略、限制策略、冲突消解策略等；搜索策略主要解决推理线路、推理效果、推理效率等。

推理方向控制策略用来确定推理的控制方式，即推理过程是从初始证据开始到目标，还是从目标开始到初始证据。求解策略是指仅求一个解还是求所有解或最优解等。限制策略是指对推理的深度、宽度、时间、空间等进行的限制。冲突消解策略是指当推理过程有多条知识可用时，如何从这多条可用知识中选出一条最佳知识用于推理的策略。

　　从智能技术的角度来说，所谓推理就是按照某种策略由已知判断推出另一种判断的思维过程。从初始事实出发，运用知识库中的已知知识逐步推出结论的过程就是知识推理。一个好的智能系统应具有利用知识推理求解问题的能力。知识推理通常是由一组程序来实现的，用来控制计算机实现推理的程序称为推理机。

　　正向推理是一种从已知事实出发，正向使用推理规则的推理方法。其基本思想是：用户提供一组初始证据，推理机根据综合数据库中的已有事实，到知识库中寻找可用知识，形成可用知识集；然后按照冲突消解策略，从该知识集中选择一条知识进行推理，并将新推出的事实加入综合数据库，以作为已知事实。如此重复这一过程，直到求出所需要的解或者知识库中再无可用知识为止。正向推理算法的流程如图 3-7 所示，其基本步骤如下。

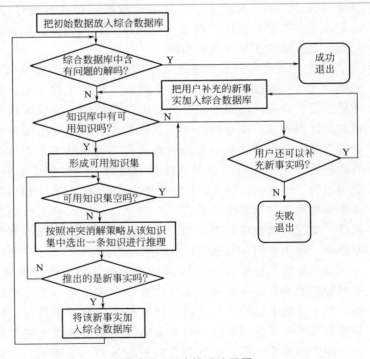

图 3-7　正向推理流程图

步骤1：用户提供的初始证据放入综合数据库。

步骤2：检查综合数据库中是否包含了问题的解。若已包含，则求解结束，并成功退出；否则，执行下一步。

步骤3：检查知识库中是否有可用知识。若有，形成当前可用知识集，执行下一步；否则，转步骤5。

步骤4：按照某种冲突消解策略，从当前可用知识集中选出一条知识进行推理，并将推出的新事实加入综合数据库，然后转步骤2。

步骤5：询问用户是否可以进一步补充新的事实，若可补充，则将补充的新事实加入综合数据库，然后转步骤3；否则表示无解，失败退出。

正向推理允许用户主动提供有用的事实信息，适合于设计、预测、监控等领域的问题求解，但是推理无明确目标，求解问题时可能会执行许多与解无关的操作，导致推理效率较低。

逆向推理是以某个假设目标作为出发点的推理方法。其基本思想是：根据问题求解要求，将假设目标构成一个假设集，取出一个假设对其进行验证，检查该假设是否是综合数据库中的事实。如果存在则该假设成立，若此时假设集为空则成功退出；如果不存在但可被证实为原始证据，则将该假设放入综合数据库，此时若假设集为空则成功退出；若假设可由知识库中的一个或多个知识导出，则将知识库中所有可以导出该假设的知识构成一个可用知识集，并根据冲突消解策略，从可用知识集中取出一个知识，将其前提中的所有子条件都作为新的假设放入假设集。重复上述过程，直到假设集为空时成功退出或假设集非空但可用知识集为空时失败退出为止。

逆向推理过程的目标明确，在诊断性专家系统中较为有效。但是当用户对解的情况认识不清时，由系统自主选择假设目标的盲目性比较大，若选择不好则可能需要多次提出假设，进而影响系统效率。

智能推理利用知识来引导搜索过程，例如控制搜索路线、演算步骤等，以便从初始状态沿着最优或最经济的途径，有效转移到所要求的目标状态，实现问题求解过程的智能化，例如语义推理、案例推理等。

语义推理是指利用概念之间的语义关联知识和启发式知识，实现智能搜索的过程。概念之间、各种知识对象之间存在着各种复杂的语义关联，例如等级关系、等同关系、相似关系、相关关系、互操作关系等。利用这些关联知识可以执行不同方式的语义推理，例如性质继承推理、语义扩展推理、规则推理、联想推理等。本体表示法将知识组织为层次结构，层次链表示事物或概念之间最本质的等级关系，这种层级结构具有性质继承特性。较低层对象元素从其祖先对象继承性质的过程，称为语义继承推理。语义继承推理比通常的逻辑演绎方法（如逻辑定理证明或产生式规则演绎推理）执行要快得多。利用继承推理，可以推导出隐含的事实，实现语义继承检索。

案例推理（Case-Based Reasoning，CBR）利用过去经验进行推理，符合现代专家迅速、准确地求解新问题的过程，适于处理智能系统中利用其他技术难以解决的复杂问题。它的核心思想是：模拟人类推理活动中"回忆"的认知能力，在问题求解时，人们可以使用以前求解类似问题的经验（即案例）来进行推理，并修改或修正以前问题的解法而不断学习。在案例推理中，一个案例包含问题的初始状态、问题求解的目标状态以及求解的方案。案例检索是将新问题定义描述成一组特征属性作为检索目标，从案例库中的每个案例对应的特征属性进行相似量度，找出一个最相似的案例进行模式匹配的过程。

3.1.4　知识获取

（1）知识获取的基本任务

知识获取是建立、完善和扩展知识库的基础。所谓知识获取，就是从人类专家、书籍、数据库和网络等信息源中获得事实、规则及模式的集合，并把它们转换为符合计算机知识表示的形式。知识获取的基本任务包括知识抽取、知识建模、知识转换、知识输入、知识检测以及知识库重组这几个方面。

① 知识抽取　所谓知识抽取是指把蕴含于信息源中的知识经过识别、理解、筛选、归纳等过程抽取出来，并存储于知识库中。知识抽取是一项复杂而艰难的工作，需要综合应用多种方法和技术。知识抽取的结果通常是一种结构化产品（数据），如图表、术语表、公式、规则和模式等。

② 知识建模　构建知识模型的过程主要包括知识识别、知识规范说明和知识精化。知识识别阶段的目标是识别出对知识有用的信息源，建立领域的术语表或词典；在知识规范说明阶段中，构建知识模型的规范说明；在知识精化阶段通过仿真验证知识模型，考察该知识模型是否能产生预期的问题求解行为。

③ 知识转换　知识转换是指把知识由一种表示形式变换为另一种表示形式。人类专家或科技文献等信息源中的知识通常是用自然语言、图形、表格等形式表示的，而知识库中的知识是用计算机能够识别、运用的形式表示的，两者有较大的差别。知识转换一般分两步进行：第一步是把从专家及文献资料中抽取的知识转换为某种知识表示模式，如产生

式规则、框架等；第二步是把该模式表示的知识转换为系统可直接利用的内部形式。事实上，知识建模可以看作是知识转换的第一步，即将从信息源中抽取的知识转换为知识模型，下一步就是把该知识模型表示的知识转换为计算机系统可以识别并直接利用的内部形式。

④ 知识输入　把用适当模式表示的知识经编辑、编译送入知识库的过程称为知识输入。目前，知识的输入一般是通过两个途径实现的：一个途径是利用计算机系统提供的编辑软件；另一个途径是利用专门编制的知识编辑系统，称为知识编辑器。前一个途径的优点是简单方便，可直接拿来使用，减少编制专门程序的工作；后一个途径的优点是可根据实际需要实现相应的功能，使其具有更强的针对性和适用性，更加符合知识输入的需要。

⑤ 知识检测　为保证知识库的正确性，知识检测分为静态检测和动态检测两种。静态检测是指在知识输入之前由领域专家及知识工程师所做的检查工作；动态检测是指对知识库进行更新时由系统进行的检查，以及在系统运行错误时对知识库进行的检测。

⑥ 知识库重组　对知识库进行多次的增、删、改，知识库的物理结构就必然发生变化，使得某些使用频率较高的知识不能处于容易被搜索的位置上，直接影响系统的运行效率。这就需要对知识库中的知识重新进行组织，以便容易搜索到那些用得较多的知识；另外，将逻辑关系比较密切的知识尽量放在一起，以提高系统的运行效率。

（2）知识获取方法

知识系统可用多种方法从多种信息源获取知识。如通过与专家会谈、观察专家的问题求解过程、利用智能编辑系统、应用机器学习中的归纳程序、使用文本理解系统等方式，获取人类专家的知识或将其转换成所需要的形式，也可以从经验数据、实例、出版物、数据库以及网络信息源中获取各种知识。一般来说，按照知识获取的自动化程度，可以将知识获取划分为非自动知识获取和自动知识获取两类基本方式。

① 非自动知识获取方式　在非自动的知识获取方式中，知识获取分两步进行：首先由知识工程师从相应信息源中获取知识；然后由知识工程师通过某种知识编辑软件，将知识输入到知识库中。

a. 知识工程师。知识工程师既懂得从领域专家及有关文献中获得知识系统所需要的知识，又熟悉知识处理技术。其主要任务是：获取知识系统所需要的原始知识，并对其进行分析、归纳、整理、升华，用自然语言描述之；然后由领域专家审查，将最后确定的知识内容用知识表示语言表示出来，通过知识编辑器进行编辑输入。

b. 知识编辑器。知识编辑器是一种用于知识编辑和输入的软件，一般采用交互工作方式。其主要功能是：将获取的知识转换成计算机可表示的内部形式，并输入知识库；检测知识的错误（包括内容错误和语法错误），并报告错误性质、原因与部位，以便进行修正。

非自动方式是知识库系统建立中用得较普遍的一种知识获取方式。早期专家系统都是运用这种方式建立的，如 DENDRAL、MYCIN 等。但采用这种方式建立知识库是一项相当困难且费时费力的工作，已构成知识工程的瓶颈。因此，人们运用各种理论和方法来尝试知识的自动化获取。

② 自动知识获取方式　所谓自动知识获取是指系统采用相关的知识获取方法，直接从信息源"学习"相关的基础知识，以及从系统自身的运行实践中总结、归纳出新知识，不断自我完善，建立起性能优良的知识库。实现自动知识获取的主要方法有以下几个。

a. 自然语言理解。自然语言理解方式主要借助于自然语言处理技术，针对文本类型的信息源，通过语法、语义分析，推导文本内容属性，抽取与领域相关的语义实体及其关系，实现知识获取。从本质上说，虽然自然语言理解是最理想的自动知识获取方法，但是由于自然语言处理中多项难点技术（如抽词技术、切分词技术、短语识别技术等）尚未得到有效解决，因此给基于自然语言理解的知识自动获取利用带来一定困难。

b. 模式识别。基于模式识别的知识获取方法主要针对多媒体信息源（如产品设计模型、图片、语音波形、符号等），采用自动提取识别、统计方法等对事物或现象进行描述、分类和解释，从经数字化处理后的数据中识别事物对象的特征。

c. 机器学习。机器学习是一种自然的认识处理，是人（或计算机）增长知识、改善技能的有效途径。机器学习是系统利用各种学习方法来获取知识，是一种高级的全自动化的知识获取方法。机器学习还具有从运行实践中学习的能力，能纠正可能存在的错误，产生新的知识，从而不断进行知识库的积累、修改和扩充。通过机器学习可以获取新知识、精炼知识库、探索新知识等。

d. 数据挖掘与知识发现。基于数据挖掘的知识获取主要针对结构化的数据库，采用统计学习等定量化分析方法，发现大量数据之间所存在的关联。数据挖掘是从大量的、不完全的、有噪声的、模糊的、随机的实际应用数据中提取隐含在其中的、人们事先不知道但又潜在有用的信息和知识的过程。

3.2　神经网络

3.2.1　人工神经网络

（1）人工神经元的结构

人工神经网络的基本构成单元是人工神经元。人工神经元是对生物神经元的数学抽象、结构和功能的模拟。1943 年，心理学家麦卡洛克（W. McCulloch）和数理逻辑学家皮茨（W. Pitts）根据生物神经元的功能和结构，提出将神经元看成二进制阈值元件的简单模型（即 MP 模型），如图 3-8 所示。

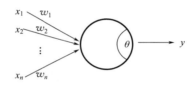

图 3-8　MP 神经元模型

在图 3-8 中，x_n 表示某一神经元的 n 个输入；w_i 表示第 i 个输入的连接强度，称为连接权值；θ 为神经元的阈值；y 为神经元的输出。人工神经元是一个具有多输入、单输出的非线性器件。

它的输入为

$$\sum_{i=1}^{n} w_i x_i \tag{3-1}$$

它的输出为

$$y = f(\sigma) = f\left(\sum_{i=1}^{n} w_i x_i - \theta\right) \tag{3-2}$$

式中　f ——神经元激发函数或作用函数。

（2）常用的人工神经元模型

激发函数 f 是表示神经元输入与输出之间关系的函数。激发函数不同，得到的神经元模型不同。常用的神经元模型有阈值型（threshold）、分段线性型（piecewiselinear）、S 型（sigmoid）、子阈累积型（sub-threshold summation）等。

① 阈值型（threshold）　该模型的神经元没有内部状态，激发函数 f 是一个阶跃函数：

$$f(\sigma) = \begin{cases} 1 & \text{若 } \sigma \geqslant 0 \\ 0 & \text{若 } \sigma < 0 \end{cases} \tag{3-3}$$

阈值型神经元是一种最简单的人工神经元，它的两个输出值 1 和 0 分别代表神经元的兴奋状态和抑制状态。在任一时刻，神经元的状态由激发函数 f 来决定。当激活值 $\sigma \geqslant 0$ 时（即神经元输入的加权总和超过给定的阈值时），该神经元被激活而进入兴奋状态，其激发函数 $f(\sigma)$ 的值为 1；否则，当 $\sigma < 0$ 时（即神经元输入的加权总和不超过给定的阈值时），该神经元不被激活而进入抑制状态，其激发函数 $f(\sigma)$ 的值为 0。阈值型神经元的输入/输出特性如图 3-9 所示。

② 分段线性型（piecewiselinear）　该模型激发函数是一个分段线性函数：

$$f(\sigma) = \begin{cases} 1 & \text{若 } \sigma \geqslant \dfrac{1}{k} \\ k\sigma & \text{若 } 0 \leqslant \sigma < \dfrac{1}{k} \\ 0 & \text{若 } \sigma < 0 \end{cases} \tag{3-4}$$

式中，k 为放大系数。该函数的输入/输出之间在一定范围内满足线性关系，一直延续到输出为最大值 1。但当达到最大值后，输出就不再增大，如图 3-10 所示。

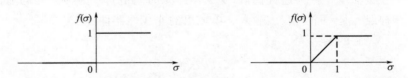

图 3-9　阈值型神经元的输入/输出特性　　图 3-10　分段线性型神经元的输入/输出特性

③ S 型（sigmoid）　该模型是一种连续的神经元模型，其激发函数是一个有最大输出值的非线性函数，其输出值是在某范围内连续取值的。这种模型的激发函数常用指数、对数或双曲正切等 S 型函数表示。它反映的是神经元的饱和特性，如图 3-11 所示。

④ 子阈累积型（subthreshold summation）　该模型的激发函数也是一个非线性函数，当产生的激活值超过 T 值时，该神经元被激活并产生一个反响。在线性范围内，系统的反响是线性的，如图 3-12 所示。这种模型的作用是抑制噪声，即对小的随机输入不产生反响。

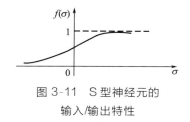

图 3-11　S 型神经元的
输入/输出特性

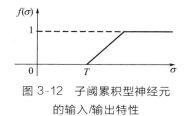

图 3-12　子阈累积型神经元
的输入/输出特性

（3）人工神经网络

人工神经网络是对人类神经系统的一种模拟。尽管人类神经系统规模宏大、结构复杂、功能神奇，但是其最基本的处理单元只有神经元。人类神经系统的功能实际上是通过大量生物神经元的广泛互连，以规模宏伟的并行运算来实现的。基于对人类生物系统的这一认识，人们试图通过对人工神经元的广泛互连来模拟生物神经系统的结构和功能。人工神经元之间通过互连形成的网络称为人工神经网络。在人工神经网络中，神经元之间互连的方式称为连接模式或连接模型。它不仅决定了神经网络的互连结构，也决定了神经网络的信号处理方式。

（4）人工神经网络的互连结构

人工神经网络的互连结构（或称拓扑结构）是指单个神经元之间的连接模式，它是构造神经网络的基础，也是神经网络诱发偏差的主要来源。从互连结构的角度，神经网络可分为前馈网络和反馈网络两种主要类型。

① 前馈网络　前馈网络是指只包含前向连接，而不存在任何其他连接方式的神经网络。前馈连接是指从上一层每个神经元到下一层所有神经元的连接方式。根据网络中所拥有的计算节点（即具有连接权值的神经元）的层数，前馈网络又可分为单层前馈网络和多层前馈网络两大类。

a.单层前馈网络。单层前馈网络是指只拥有单层计算节点的前馈网络。它仅含有输入层和输出层，并且只有输出层的神经元是可计算节点，如图 3-13 所示。在图 3-13 中，输入向量为 $\boldsymbol{X}=(x_1, x_2, \cdots, x_n)$，输出向量为 $\boldsymbol{Y}=(y_1, y_2, \cdots, y_m)$，输入层各个输入到相应神经元的连接权值分别是 $w_{ij}(i=1, 2, \cdots, n; j=1, 2, \cdots, m)$。若假设各神经元的阈值分别是 $\theta_j(j=1, 2, \cdots, m)$，则各神经元的输出分别为

$$y_j = f\left(\sum_{i=1}^{n} w_{ij} x_i - \theta_j\right) \qquad (3\text{-}5)$$

式中，由所有连接权值 w_{ij} 构成连接权值矩阵为

$$W = \begin{bmatrix} w_{11} & w_{12} & \cdots & w_{1m} \\ w_{21} & w_{22} & \cdots & w_{2m} \\ \vdots & \vdots & \vdots & \vdots \\ w_{n1} & w_{n2} & & w_{nm} \end{bmatrix}$$

在实际应用中，该矩阵是通过大量的训练示例学习而形成的。

b. 多层前馈网络。多层前馈网络是指除拥有输入层、输出层外，还含有一个或更多个隐含层的前馈网络。隐含层是指由那些既不属于输入层又不属于输出层的神经元所构成的处理层。隐含层仅与输入层、输出层连接，不直接与外部输入、输出打交道，因此也被称为中间层。隐含层的作用是通过对输入层信号的加权处理，将其转化成更能被输出层接受的形式。隐含层的加入大大提高了神经网络的非线性处理能力，一个神经网络中加入的隐含层越多，其非线性性能越强。当然，隐含层的加入会增加神经网络的复杂度，一个神经网络的隐含层越多，其复杂度就会越高。

多层前馈网络结构如图 3-14 所示，其输入层的输出是第一隐含层的输入信号，而第一隐含层的输出则是第二隐含层的输入信号，以此类推，直到输出层。多层前馈网络的典型代表是 BP 网络。

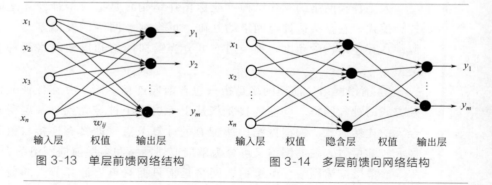

图 3-13　单层前馈网络结构　　　　　图 3-14　多层前馈向网络结构

② 反馈网络　反馈网络是指允许采用反馈连接方式所形成的神经网络。反馈连接方式是指一个神经元的输出可以被反馈至同层或前层的神经元。通常把那些引出有反馈连接弧的神经元称为隐神经元，其输出称为内部输出。由于反馈连接方式的存在，一个反馈网络至少应含有一个反馈回路，这些反馈回路实际上是一种封闭环路。反馈网络中每个神经元的输入都有可能包含该神经元先前输出的反馈信息，即一个神经元的输出是由该神经元当前的输入和先前的输出来决定的，类似于人类的短

期记忆的性质。

按照网络的层次概念，反馈网络也可以分为单层反馈网络和多层反馈网络两大类。单层反馈网络是指不拥有隐含层的反馈网络。多层反馈网络则是指拥有隐含层的反馈网络，其隐含层可以是一层，也可以是多层。反馈网络的典型代表是 Hopfield 网络。

3.2.2 BP 神经网络

3.2.2.1 **BP 神经元及其模型**

BP 神经元的一般模型如图 3-15 所示。BP 神经元的传输函数为非线性函数，最常用的是 logsig 和 tansig 函数，有的输出层也采用线性函数（purelin）。其输出为

$$a = \text{logsig}(Wp + b) \tag{3-6}$$

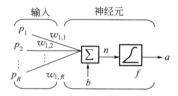

图 3-15　BP 神经元的一般模型

BP 网络一般为多层神经网络。由 BP 神经元构成的两层网络如图 3-16 所示。BP 网络的信息从输入层流向输出层，因此是一种多层前馈神经网络。如果多层 BP 网络的输出层采用 S 型传输函数（如 logsig），其输出值将会限制在一个较小的范围内（0，1）；而采用线性传输函数则可以取任意值。

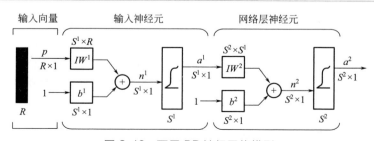

图 3-16　两层 BP 神经网络模型

3.2.2.2 **BP 网络的学习**

在确定了 BP 网络的结构后，需要通过输入和输出样本集对网络进行训练，也就是对网络的阈值和权值进行学习和修正，使网络实现给定的输入/输出映射关系。BP 网络的学习过程分为两个阶段：第一个阶段是输入已知学习样本，通过设置的网络结构和前一次迭代的权值和阈值，从网络第一层向后计算各神经元的输出；第二个阶段是对权值和阈值进行修改，从最后一层向前计算各权值和阈值对总误差的影响（梯度），据此对各权值和阈值进行修改。

以上两个过程反复交替，直到达到收敛为止。由于误差逐层往回传递，以修正层与层间的权值和阈值，所以称该算法为误差反向传播（Back Propagation，BP）算法，这种误差反向传播算法可以推广到有若干个中间层的多层网络，因此该多层网络常称之为 BP 网络。标准的 BP 算法和 Widrow-Hoff 学习规则一样是一种梯度下降学习算法，其权值的修正是沿着误差性能函数梯度的反方向进行的。针对标准 BP 算法存在的一些不足，人们提出了几种基于标准 BP 算法的改进算法，如变梯度算法、牛顿算法等。

3.2.2.3 **BP 网络学习算法**

（1）最速下降 BP 算法（Steepest Descent Back Propagation，SDBP）

对图 3-16 所示的 BP 神经网络，设 k 是为迭代次数，每一层权值和阈值按式(3-7)进行修正：

$$\boldsymbol{x}(k+1) = \boldsymbol{x}(k) - \alpha \boldsymbol{g}(k)$$

$$\boldsymbol{g}(k) = \frac{\partial E(k)}{\partial \boldsymbol{x}(k)} \tag{3-7}$$

式中　$\boldsymbol{x}(k)$——第 k 次迭代各层之间的连接权值向量或阈值向量；

α——学习速率，在训练时是一常数；

$\boldsymbol{g}(k)$——第 k 次迭代的神经网络输出误差对各权值或阈值的梯度向量；

负号——梯度的反方向，即梯度的最速下降方向；

$E(k)$——第 k 次迭代的网络输出的总误差性能函数，一般采用均方误差（Mean Square Error，MSE）进行分析。

最速下降 BP 算法可以使权值向量和阈值向量得到一个稳定的解，但 BP 神经元的传输函数为非线性函数，网络易陷于局部极小、学习过程常发生振荡等。

（2）动量 BP 算法（Momentum Back Propagation，MOBP）

动量 BP 算法是在梯度下降算法的基础上引入动量因子 η（$0 < \eta < 1$），即

$$\Delta \boldsymbol{x}(k+1) = \eta \Delta \boldsymbol{x}(k) + \alpha(1-\eta)\frac{\partial E(k)}{\partial x(k)} \tag{3-8}$$

$$\boldsymbol{x}(k+1) = \boldsymbol{x}(k) + \Delta \boldsymbol{x}(k+1) \tag{3-9}$$

该算法以前一次的修正结果来影响本次修正量。当前一次修正量过大时，式(3-8)中第二项的符号将与前一次修正量的符号相反，从而使本次的修正量减小，起到减小振荡的作用；当前一次修正量过小时，式(3-8)中第二项的符号将与前一次修正量的符号相同，从而使本次的修正量增大，起到加速修正的作用。动量 BP 算法总是力图使在同一梯度方向上的修正量增加。动量因子 η 越大，同一梯度方向上的"动量"也越大。

在动量 BP 算法中，可以采用较大的学习速率，而不会造成学习过程的发散。因为一方面当修正过量时，动量 BP 算法总是可以使修正量减小，以保持修正方向沿着收敛的方向进行；另一方面动量 BP 算法总是加速同一梯度方向的修正量。由上述两个方面表明，在保证算法稳定的同时，动量 BP 算法的收敛速率较快，学习时间较短。

（3）学习速率可变的 BP 算法（Variable Learning-rate Back Propagation，VLBP）

在最速下降 BP 算法和动量 BP 算法中，其学习速率是一个常数，在整个训练过程中保持不变，学习算法的性能对于学习速率的选择非常敏感（学习速率过大，算法可能振荡而不稳定；学习速率过小，则收敛速率慢，训练时间长）。而在训练之前，若要选择最佳的学习速率是不现实的。

在训练过程中，使学习速率随之变化，从而使算法沿着误差性能曲面进行修正。自适应调整学习速率的梯度下降算法，在训练过程中，力图使算法稳定，同时又使学习的步长尽量大，学习速率则根据局部误差曲面作出相应调整。当误差以减小的方式趋于目标时，说明修正方向正确，可增大步长，因此学习速率乘以增量因子 k_{inc}，使学习速率增大；而当误差增加超过事先设定值时，说明修正过量，应减小步长，因此学习速率乘以减量因子 k_{dec}，使学习速率减小，同时舍去使误差增加的前一步修正过程，即

$$\boldsymbol{a}(k+1) = \begin{cases} k_{\mathrm{inc}}\boldsymbol{a}(k) & E(k+1) < E(k) \\ k_{\mathrm{dec}}\boldsymbol{a}(k) & E(k+1) > E(k) \end{cases} \tag{3-10}$$

（4）弹性算法（Resilient Back-PROPagation，RPROP）

多层 BP 网络的隐含层一般采用传输函数 sigmoid，它把一个取值范围为无穷大的输入变量，压缩到一个取值范围有限的输出变量中。函数 sigmoid 具有这样的特性：当输入变量的取值很大时，其斜率趋于零，这样在采用最速下降 BP 算法训练传输函数为 sigmoid 的多层网络时带来一个问题，尽管权值和阈值离其最佳值差甚远，但是此时梯度的幅度非常小，导致权值和阈值的修正量也很小，使得训练时间变得很长。采用 RPROP 算法的目的是消除梯度幅度的不利影响，所以在进行权值修正时，仅仅用到偏导符号，而其幅值却不影响权值的修正，权值大小的改变取决于与幅值无关的修正值。当连续两次迭代的梯度方向相同时，可将权值和阈值的修正值乘以一个增量因子，使其修正值增加；当连续两次迭代的梯度方向相反时，可将权值和阈值的修正值乘以一个减量因子，使其修正值减小；当梯度为零时，权值和阈值的修正值保持不变；当权值的修正发生振荡时，其修正值将会减小。如果权值在相同的梯度上连续被修正，则其幅度必将增加，从而克服梯度幅度偏导的不利影响，即

$$\Delta \boldsymbol{x}(k+1)=$$

$$\begin{cases} \Delta \boldsymbol{x}(k) \times k_{\text{inc}} \times \text{sign}[\boldsymbol{g}(k)] & \text{当连续两次迭代的梯度方向相同时} \\ \Delta \boldsymbol{x}(k) \times k_{\text{dec}} \times \text{sign}[\boldsymbol{g}(k)] & \text{当连续两次迭代的梯度方向相反时} \\ \Delta \boldsymbol{x}(k) & \text{当 } \boldsymbol{g}(k)=0 \text{ 时} \end{cases}$$

(3-11)

式中　$\boldsymbol{g}(k)$——第 k 次迭代的梯度；

　　　$\Delta \boldsymbol{x}(k)$——权值或阈值第 k 次迭代的幅度修正值。

（5）变梯度算法（Conjugate Gradient Back Propagation，CGBP）

最速下降 BP 算法是沿着梯度最陡下降方向修正权值的，虽然误差函数沿着梯度的最陡下降方向进行修正，误差减小的速度是最快的，但是收敛速度不一定是最快的。在变梯度算法中，沿着变化的方向进行搜索，使其收敛速度比最陡下降梯度方向的收敛速度更快。

所有变梯度算法的第 1 次迭代都是沿着最陡梯度下降方向进行搜索的，即

$$\boldsymbol{p}(0)=\boldsymbol{g}(0) \tag{3-12}$$

然后，决定最佳距离的线性搜索沿着当前搜索的方向进行，即

$$\boldsymbol{x}(k+1)=\boldsymbol{x}(k)+\alpha \boldsymbol{p}(k) \tag{3-13}$$

$$\boldsymbol{p}(k)=-\boldsymbol{g}(k)+\boldsymbol{\beta}(k)\boldsymbol{p}(k-1) \tag{3-14}$$

式中，$\boldsymbol{p}(k)$ 为第 $k+1$ 次迭代的搜索方向。从式（3-14）可以看出，$\boldsymbol{p}(k)$

由第 k 次迭代的梯度和搜索方向共同决定；系数 $\boldsymbol{\beta}(k)$ 在不同的变梯度算法中有不同的计算方法。

① Fletcher-Reeves 修正算法　Fletcher-Reeves 修正算法是由 R. Fletcher 和 C. M. Reeves 提出的。在式(3-14) 中，系数 $\boldsymbol{\beta}(k)$ 定义为

$$\boldsymbol{\beta}(k) = \frac{\boldsymbol{g}^{\mathrm{T}}(k)\boldsymbol{g}(k)}{\boldsymbol{g}^{\mathrm{T}}(k-1)\boldsymbol{g}(k-1)} \tag{3-15}$$

这种变梯度算法的速度通常比变学习速率算法的速度快得多，有时比 RPROP 算法还快。其所需的存储空间也只比普通算法略大，所以在连接权值的数量很多时常选用该算法。

② Polak-Ribiere 修正算法　Polak-Ribiere 算法是由 Polak 和 Ribiere 提出的，在式(3-14) 中，系数 $\boldsymbol{\beta}(k)$ 定义为

$$\boldsymbol{\beta}(k) = \frac{\Delta\boldsymbol{g}^{\mathrm{T}}(k-1)\boldsymbol{g}(k)}{\boldsymbol{g}^{\mathrm{T}}(k-1)\boldsymbol{g}(k-1)} \tag{3-16}$$

Polak-Ribiere 修正算法的性能与 Fletcher-Reeves 修正算法相差无几，但存储空间比 Fletcher-Reeves 修正算法略大。

③ Powell-Beale 复位算法　对于所有的变梯度算法，搜索方向都会周期性地被复位成负的梯度方向，通常复位点出现在迭代次数和网络参数个数（权值和阈值）相等的地方。为了提高训练的有效性，Powell-Beale 复位算法中，如果梯度满足式(3-17)，即

$$\left|\boldsymbol{g}^{\mathrm{T}}(k-1)\boldsymbol{g}(k)\right| \geqslant 0.2\left\|\boldsymbol{g}(k)\right\|^2 \tag{3-17}$$

则搜索方向被复位成负的梯度方向，即 $\boldsymbol{p}(k) = -\boldsymbol{g}(k)$。

尽管对于任意给定的一个问题，该算法的性能难以预先确定，但是在处理某些问题上 Powell-Beale 复位算法的性能比 Polak-Ribiere 修正算法的要略好，其存储空间则比 Polak-Ribiere 修正算法的要略大。

④ SCG（Scaled Conjugate Gradient）算法　到目前为止讨论的各种变梯度算法在每次迭代时都需要确定线性搜索方向，而线性搜索的计算需要付出的代价是很大的，因为每次搜索都需要对全部训练样本的网络响应进行多次计算。SCG 算法是由 Moller 提出的改进算法，其基本思想采用模型信任区间逼近的原理。它不需要在每次迭代中都进行线性搜索，从而避免了搜索方向计算的耗时问题。

SCG 算法也许比其他变梯度算法需要更多的迭代次数，但由于不需要在迭代中进行线性搜索，所以每次迭代的计算量大大减少。SCG 算法所需要的存储空间与 Fletcher-Reeves 修正算法的存储空间相差无几。

（6）拟牛顿算法（Quasi-Newton Algorithms）

牛顿法是一种基于二阶泰勒（Taylor）级数的快速优化算法。其基

本方法是

$$\boldsymbol{x}(k+1)=\boldsymbol{x}(k)-\boldsymbol{A}^{-1}(k)\boldsymbol{g}(k) \tag{3-18}$$

式中，$\boldsymbol{A}(k)$ 为误差性能函数在当前权值和阈值下的 Hessian 矩阵（二阶导数），即

$$\boldsymbol{A}(k)=\nabla^2 F(x)\big|_{x=\boldsymbol{x}(k)} \tag{3-19}$$

牛顿算法通常比变梯度算法的收敛速率快，但对于前馈神经网络计算 Hessian 矩阵是很复杂的，付出的代价很大。有一类基于牛顿法的算法不需要求二导数，此类方法称为拟牛顿算法（或正切法），在算法中的 Hessian 矩阵用其近似值进行修正，修正值被看成梯度的函数。

① BFGS（Boryden、Fletcher、Goldfarb and Shanno）算法　拟牛顿算法应用最为成功的有 Boryden、Fletcher、Goldfarb 和 Shanno 修正算法，合称为 BFGS 算法。BFGS 算法虽然收敛所需的步长通常较少，但是在每次迭代过程中所需要的计算量和存储空间比变梯度算法都要大，对近似 Hessian 矩阵必须进行存储，其大小为 $n\times n$，这里 n 为网络的连接权值和阈值的数量。对于规模很大的网络用 RPROP 算法或任何一种变梯度算法可能好些，而对于规模较小的网络则用 BFGS 算法可能更有效。

② OSS（One Step Secant）算法　由于 BFGS 算法在每次迭代时比变梯度算法需要更多的存储空间和计算量，所以对于正切近似法减少其存储量和计算量是必要的。OSS 算法试图解决变梯度算法和拟牛顿（正切）算法之间的矛盾。OSS 算法不必存储全部 Hessian 矩阵。它假定每次迭代时，前一次迭代的 Hessian 矩阵具有一致性，这样做的另一个优点是，在新的搜索方向进行计算时不必计算矩阵的逆。OSS 算法每次迭代所需的存储量和计算量介于梯度算法和完全拟牛顿算法之间。

（7）LM（Levenberg-Marquardt）算法

LM 算法也是为了在以近似二阶训练速率进行修正时避免计算 Hessian 矩阵而设计的。当误差性能函数具有平方和误差（训练前馈网络的典型误差函数）的形式时，Hessian 矩阵可以近似表示为

$$\boldsymbol{H}=\boldsymbol{J}^T\boldsymbol{J} \tag{3-20}$$

式中　$\boldsymbol{H}$ ——包含网络误差函数对权值和阈值一阶导数的雅可比矩阵（雅可比矩阵可以通过标准的前馈网络技术进行计算，比 Hessian 矩阵的计算要简单得多）。

梯度的计算表达式为

$$\boldsymbol{g}=\boldsymbol{J}^T\boldsymbol{e} \tag{3-21}$$

式中　$\boldsymbol{e}$ ——网络的误差向量。

LM 算法用上述近似 Hessian 矩阵进行修正：

$$\boldsymbol{x}(k+1)=\boldsymbol{x}(k)-[\boldsymbol{J}^T\boldsymbol{J}+\mu\boldsymbol{J}]^{-1}\boldsymbol{J}^T\boldsymbol{e} \qquad (3\text{-}22)$$

当系数 μ 为 0 时，式（3-22）即为牛顿算法；当系数 μ 的值很大时，式（3-22）变为步长较小的梯度下降算法。牛顿算法逼近最小误差的速度更快、更精确，因此应尽可能使算法接近于牛顿算法，在每步成功的迭代后（误差性能减小），使 μ 减小；仅在进行尝试性迭代后的误差性能增加的情况下，才使 μ 增加。这样，该算法每步迭代的误差性能总是减小的。

3.2.2.4　BP 网络设计的基本方法

BP 网络的设计主要包括输入层、隐含层、输出层及各层之间的传递函数几个方面。

（1）网络层数

大多数通用的神经网络都预先确定网络的层数，而 BP 网络可以包含不同的隐含层。但理论上已经证明，在不限制隐含层节点数的情况下，两层（只有一个隐含层）的 BP 网络可以实现任意非线性映射。在模式样本相对较少的情况下，较少的隐含层节点可以实现模式样本空间的超平面划分，此时选择两层 BP 网络即可；当模式样本数很多时，减小网络规模，增加一个隐含层是必要的，但 BP 网络隐含层数一般不超过两层。

（2）输入层的节点数

输入层起缓冲存储器的作用，它接收外部的输入数据，因此其节点数取决于输入向量的维数。比如，当把 32×32 大小的图像的像素作为输入数据时，输入节点数将为 1024。

（3）输出层的节点数

输出层的节点数取决于两个方面，即输出数据类型和表示该类型所需的数据大小。当 BP 网络用于模式分类时，以二进制形式来表示不同模式的输出结果，则输出层的节点数可根据待分类模式来确定。若设待分类模式的总数为 m，则有以下两种方法确定输出层的节点数。

a. 节点数即为待分类模式总数 m，此时对应第 j 个待分类模式的输出为

$$O_j=\frac{[00\cdots010\cdots00]}{j} \qquad (3\text{-}23)$$

即第 j 个节点输出为 1，其余输出均为 0。而以输出全为 0 表示拒识，即

所输入的模式不属于待分类模式中的任何一种模式。

b. 节点数为 $\log_2^m$ 个。这种方式的输出是 m 种输出模式的二进制编码。

(4) 隐含层的节点数

一个具有无限隐含层节点的两层 BP 网络可以实现任意从输入到输出的非线性映射。但对于有限个输入模式到输出模式的映射，并不需要无限个隐含层节点，这就涉及如何选择隐含层节点数的问题，而这一问题的复杂性至今为止尚未找到一个很好的解析式。隐含层节点数往往根据前人设计经验和自己进行试验来确定。一般认为，隐含层节点数与求解问题的要求、输入/输出单元数有直接关系。另外，隐含层节点数太多会导致学习时间过长；而隐含层节点数太少，则容错性差，识别未经学习的样本能力低。所以必须综合多方面的因素进行设计。

(5) 传输函数

BP 网络中的传输函数通常采用 S（sigmoid）型函数，即

$$f = \frac{1}{1 + e^{-x}} \tag{3-24}$$

在某些特定情况下，还可能采用纯线性（pureline）函数。如果 BP 网络的最后一层是 sigmoid 函数，那么整个网络的输出就限制在一个较小的范围内（0～1 之间的连续量）；如果 BP 网络的最后一层是 pureline 函数，那么整个网络的输出可以取任意值。

(6) 训练方法及其参数选择

针对不同的应用，BP 网络提供了多种训练、学习方法，可根据需要选择训练函数和学习函数及其参数等。

BP 神经网络具有并行处理的特征，大大提高了网络功能；BP 神经网络具有容错性，网络的高度连接意味着少量的误差可能不会产生严重的后果，部分神经元的损伤不破坏整体，它可以自动修正误差；BP 神经网络具有初步的自适应与自组织能力，在学习或训练中改变权值以适应环境，可以在使用过程中不断学习而完善自己的功能（甚至具有创新能力）。80%～90%的人工神经网络模型采用 BP 神经网络或 BP 神经网络的变化形式，它也是前馈网络的核心部分，体现了人工神经网络最精华的部分。BP 神经网络广泛应用于函数逼近、模式识别/分类、数据压缩等。

3.3 遗传算法

3.3.1 遗传算法中的基本概念

遗传算法是一种全局优化自适应概率搜索算法，具有不依赖问题特性的鲁棒性、搜索的隐并行性和进化的自适应性，特别是对于大型复杂非线性系统具有更独特优越的性能。遗传算法的操作对象为种群，种群中的每个个体表示成一个可行解的编码，解的质量用适应值函数评价。遗传算法首先随机生成初始种群，通过对种群循环地进行选择、重组和变异操作，使种群不断朝包含全局最优解的状态进化，直到满足某一停止规则为止。

遗传算法所涉及的基本概念主要有以下5个。

① 种群（population） 种群是指用遗传算法求解问题时，初始给定的多个解的集合。它是问题解空间的一个子集。

② 个体（individual） 个体是指种群中的单个元素。它通常由一个用于描述其基本遗传结构的数据结构来表示。例如，可以用 0 和 1 组成的长度为 l 的串来表示个体。

③ 染色体（chromosome） 染色体是指对个体进行编码后所得到的编码串。染色体中的每一个位称为基因，染色体上由若干基因构成的一个有效信息段称为基因组。

④ 适应度（fitness）函数 适应度函数是一种用来对种群中各个个体的环境适应性进行量度的函数。其函数值决定染色体的优劣程度，是遗传算法实现优胜劣汰的主要依据。

⑤ 遗传操作（genetic operator） 遗传操作是指作用于种群而产生新的种群的操作。标准的遗传操作包括选择（或复制）、交叉（或重组）、变异三种基本形式。

遗传算法可形式化地描述为

$$GA = (P(0), N, l, s, g, P, f, T) \tag{3-25}$$

$$P(0) = \{P_1(0), P_2(0), \cdots, P_n(0)\}$$

其中

式中 　$P(0)$——初始种群；

　　　N——种群规模；

　　　l——编码串的长度；

s——选择策略；

g——遗传算子（包括选择算子 Q_r、交叉算子 Q_c 和变异算子 Q_m）；

P——遗传算子的操作概率（包括选择概率 P_r、交叉概率 P_c 和变异概率 P_m）；

f——适应度函数；

T——终止标准。

3.3.2　遗传编码算法

遗传算法不对所求解问题的决策变量直接进行操作，而是对表示可行解的个体编码（染色体）进行操作。常用的遗传编码算法有二进制编码、格雷编码、实数编码、字符编码和树结构编码等。

（1）二进制编码

二进制编码使用二进制符号集 $\{0, 1\}$ 编码可行解的基因型。设 n 维最优化问题的目标矢量为 $\boldsymbol{x} = \{x_1, x_2, \cdots, x_n\}$，第 i 维分量的取值范围为 $[u_i, v_i]$，当采用长度为 l 位的标准二进制字符串 $a = \{a_1, a_2, \cdots, a_l\}$ 作为 $\boldsymbol{x}$ 的编码时，解码过程将 a 分解为 n 个长度为 $l_i = l/n$ 位的子串 a_{i1}，$a_{i2}, \cdots, a_{ili}$ 表示分量 x_i 的二进制编码，相应的解码公式为

$$x_i = u_i + \frac{v_i - u_i}{2^{l_i} - 1} \times \left(\sum_{j=0}^{l_i-1} a_{i(l_i-j)} \times 2^j \right) \tag{3-26}$$

二进制编码的精度为

$$\Delta x_i = \frac{v_i - u_i}{2^{l_i} - 1} \tag{3-27}$$

二进制编码符合最小字符集编码原则，编码和解码操作简单，便于交叉算子和变异算子的实现。但是二进制编码存在的汉明悬崖问题，会降低遗传算法的搜索效率；同时二进制编码缺乏串长的微调（fine-tuning）功能。

（2）格雷编码

格雷编码是对二进制编码变换后得到的一种编码方法。它要求两个连续整数的编码之间只能有一个码位不同，其余码位完全相同。格雷编码有效解决了二进制编码存在的汉明悬崖问题。设有二进制编码串 a_{i1}，$a_{i2}, \cdots, a_{ili}$，对应的格雷编码串为 $b_{i1}, b_{i2}, \cdots, b_{ili}$，则二进制编码与格雷编码的转换关系为

$$b_{ij} = \begin{cases} a_{ij} & j=1 \\ a_{i(j-1)} \oplus a_{ij} & j>1 \end{cases} \tag{3-28}$$

式中，$\oplus$ 表示异或运算符。

格雷编码的解码公式为

$$x_i = u_i + \frac{v_i - u_i}{2^{l_i} - 1} \times \left(\sum_{j=0}^{l_i-1} \left(\bigoplus_{k=1}^{l_i-j} b_{ij} \right) \times 2^j \right) \tag{3-29}$$

（3）实数编码

实数编码是将每个个体的染色体都用某一范围的一个实数（浮点数）来表示，其编码长度等于该问题变量的个数。这种编码方法是将问题的解空间映射到实数空间上，然后在实数空间上进行遗传操作。实数编码适应于多维、高精度的连续函数优化问题。

（4）符号编码

符号编码是指染色体编码串中的基因值取自一个无数值含义而只有代码含义的符号集。这个符号集可以是字母表、数字序号表、代码表等。符号编码需要设计专门的交叉算子和变异算子，以使可行解的编码满足问题的各种约束要求。

（5）树结构编码

树结构是问题结构的直接表示，无需编码和解码的计算开销。但用它来解决大型或复杂问题时，需要大量的硬件资源和计算开销，影响遗传算法的工作性能。

3.3.3 适应度函数

遗传算法使用个体的适应值函数对解的质量进行评价，个体的适应值越高，相应解的质量越好，它被遗传到下一代种群中的概率也就越大。由于标准遗传算法使用按适应值比例复制的选择策略，因此必须将目标函数的值转换为正的适应值。

假设待求解问题的目标函数为 $f(x)$，遗传算法的适应度函数为 $F(x)$，对于最大化问题，其转换公式为

$$F(x) = f(x) + C_{\min} \tag{3-30}$$

对于最小化问题，其转换公式为

$$F(x) = C_{\max} - f(x) \tag{3-31}$$

常数 $C_{\min}(C_{\max})$ 通常取使 $F(x) > 0$ 的相对较小（较大）的正数，即 $f(x)$ 的下界（上界）。

在某些情况下，适应度函数在极值附近的变化可能会非常小，很难区分哪个染色体更占优势。适应值变换技术用来定义新的适应度函数，使得新的适应度函数与问题的目标函数具有相同的变化趋势，又有更快的变化速度。常用的适应值变换技术有以下几个。

(1) 线性静态变换

$$F'(x) = aF(x) + b \tag{3-32}$$

式中，常数 a、b 需满足以下两个条件。

a. 变换后种群的平均适应值应等于变换前的平均适应值。

b. 变换后种群中的最大适应值应等于变换前平均适应值的指定倍数，一般取 $1.2 \sim 2$ 倍。

(2) 线性动态变换

$$F'(x) = aF(x) - \min\{F(x_i) | x_i \in P(t - \omega)\} \tag{3-33}$$

式中　　$P(t)$ ——当前种群；

　　　　ω ——适应值变换窗口，一般取 $0 \sim 5$ 之间的整数。

(3) 对数变换

$$F'(x) = b - \lg F(x) \tag{3-34}$$

式中，常数 b 应满足 $b > \lg F(x)$。

(4) 乘幂变换

$$F'(x) = F^\alpha(x) \tag{3-35}$$

根据对种群的统计测度动态地改变 α 的值，以使适应值满足一定的缩放要求。

(5) 指数变换

$$F'(x) = \exp[-\beta F(x)] \tag{3-36}$$

式中，系数 β 越小，适应值较高的个体的新适应值与其他个体的新适应值差异越大。

3.3.4　遗传操作

遗传算法中的基本遗传操作包括选择、交叉和变异三种。

(1) 选择操作

选择操作是指根据选择概率按某种策略从当前种群中挑选出一定数目的个体，使它们能够有更多的机会被遗传到下一代中，并参与繁殖子代个体的变异和重组等遗传操作。常用的选择策略可分为比例选择、排序选择和竞技选择三种类型。

① 比例选择　其基本思想是按与个体的适应值成正比的方法确定个体的选择概率。设种群规模为 μ（下同），个体 i 的适应值为 F_i，则个体 i 被选中进入下一代种群的选择概率 p_i 为

$$p_i = \frac{F_i}{\sum_{j=1}^{\mu} F_i} \tag{3-37}$$

比例选择是遗传算法的标准选择方法，在算法运行的前期阶段，当某个体的适应值远高于种群的平均适应值时，易产生早熟收敛现象；在算法运行的后期阶段，当全体个体的适应值接近种群的平均适应值时，搜索过程易陷入停滞不前的状态。

② 排序选择　其基本思想是首先将种群中的全体个体按其适应值大小排序；然后根据每个个体的排列顺序，为其分配相应的选择概率；最后基于这些选择概率，采用比例选择方法产生下一代种群。排序选择消除了个体适应度差别很大所产生的影响，使每个个体的选择概率仅与其在种群中的排序有关。但是忽略了适应度值之间的实际差别，使得个体的遗传信息未能得到充分利用。

③ 竞技选择　其基本思想是首先在种群中随机选择 k 个（允许重复）个体进行锦标赛式比较，适应度大的个体将胜出，并作为下一代种群中的个体；重复以上过程，直到下一代种群中的个体数目达到种群规模为止。参数 k 被称为竞赛规模，通常取 $k=2$。这种方法实际上是将局部竞争引入到选择过程中，它既能使那些好的个体有较多的繁殖机会，又可避免某个个体因其适应度过高而在下一代繁殖较多的情况。

（2）交叉操作

交叉操作是指按照某种方式对选择的父代个体的染色体的部分基因进行交配重组，从而形成新的个体。交配重组也是遗传算法中产生新个体的最主要方法。遗传算法中的二进制值交叉操作主要包括单点交叉、多点交叉和均匀交叉等方法。

① 单点交叉　单点交叉是指首先在两个父代个体的编码串中随机设定一个交叉点，然后对这两个父代个体交叉点前面或后面部分的基因进行交换，并生成子代中的两个新个体。

假设两个父代的个体串分别是：

$$X = x_1 x_2 \cdots x_k x_{k+1} \cdots x_n \tag{3-38}$$

$$Y = y_1 y_2 \cdots y_k y_{k+1} \cdots y_n \tag{3-39}$$

随机选择第 k 位为交叉点，若采用对交叉点后面的基因进行交换的方法，单点交叉是将 X 中的 x_{k+1} 到 x_n 部分与 Y 中的 y_{k+1} 到 y_n 部分进行交叉，交叉后生成的两个新的个体是：

$$X = x_1 x_2 \cdots x_k y_{k+1} \cdots y_n \tag{3-40}$$

$$Y = y_1 y_2 \cdots y_k x_{k+1} \cdots x_n \tag{3-41}$$

② 多点交叉　多点交叉是指首先在两个父代个体的编码串中随机设定多个交叉点，然后按这些交叉点分段地进行部分基因交换，生成子代中的两个新个体。

假设位置交叉点的个数为 m 个，则可将个体串（染色体）划分为 $m+1$ 个分段（基因组），其划分方法如下。

a. 当 m 为偶数时，对全部交叉点依次进行两两配对，构成 $m/2$ 个交叉段。

b. 当 m 为奇数时，对前 $m-1$ 个交叉点依次进行两两配对，构成 $(m-1)/2$ 个交叉段；第 m 个交叉点则按单点交叉方法构成一个交叉段。

③ 均匀交叉　均匀交叉是指首先随机生成一个与父串具有相同长度，并被称为交叉模板（或交叉掩码）的二进制串；然后利用该模板对两个父串进行交叉，即将模板中 1 对应的位进行交换、0 对应的位不进行交换，一次生成子代中的新个体。

（3）变异操作

变异是指对选中个体的染色体中的某些基因进行变动，以形成新的个体。遗传算法中的变异操作增加了算法的局部随机搜索能力。根据个体编码方式的不同，变异操作可分为二进制值变异和实值变异两种类型。

① 二进制值变异　当个体的染色体为二进制编码表示时，其变异操作应采用二进制值变异方法。该变异方法是首先随机地产生一个变异位置，然后将该变异位置上的基因值由"0"变为"1"或由"1"变为"0"，产生一个新的个体。

② 实值变异　当个体的染色体为实数编码表示时，其变异操作应采用实值变异方法。该变异方法是用另外一个在规定范围内的随机实数去替换原变异位置上的基因值，产生一个新的个体。最常用的实值变异操作有基于位置的变异和基于次序的变异等。

a. 基于位置的变异方法是先随机产生两个变异位置，然后将第二个变异位置上的基因移动到第一个变异位置的前面。

b. 基于次序的变异方法是先随机地产生两个变异位置，然后交换这两个变异位置上的基因。

3.3.5 遗传算法的基本过程

遗传算法在选择染色体编码策略、设定适应度函数、定义遗传策略的基础上，通过初始种群设定、适应度函数设定和遗传操作设计等几大部分所组成，其算法流程如图 3-17 所示，基本步骤如下。

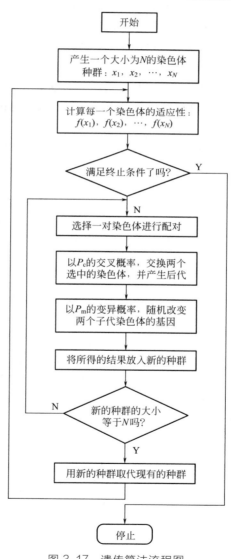

图 3-17 遗传算法流程图

步骤 1：选择编码策略。将问题搜索空间中每个可能的点用相应的编码策略表示，即形成染色体。

步骤 2：定义适应度函数衡量待优化问题上单个染色体的性能。

步骤 3：定义遗传策略，包括种群规模 N，交叉、变异方法，以及选择概率 P_r、交叉概率 P_c、变异概率 P_m 等遗传参数。

步骤 4：随机选择 N 个染色体初始化种群 x_1，x_2，$\cdots$，x_N。

步骤 5：计算每个染色体的适应值 $f(x_1)$，$f(x_2)$，$\cdots$，$f(x_N)$。

步骤 6：运用选择算子，在当前种群中选择一对染色体，双亲染色体被选择的概率和其适应性有关。

步骤 7：对每个染色体，按概率 P_c 参与交叉运算、概率 P_m 参与变异运算产生一对后代染色体，并放入新种群中。

步骤 8：重复步骤 6 和步骤 7，直到新染色体种群的大小等于初始种群的大小，用新染色体种群代替初始种群。

步骤 9：回到步骤 5，重复这个过程，直到满足预先设定的终止条件为止。

第4章

面向装配序列
智能规划的时
空语义知识建
模与获取

产品 CAD 建模、装配过程中蕴含的时空语义知识是进行产品装配序列智能规划的重要依据。从空间拓扑、时态拓扑入手，提出产品时空语义知识模型，研究产品时空语义知识表达，实现产品 CAD 装配模型工程语义知识、装配序列规划先验知识的建模。以 Protégé3.4.4 软件为工具，研究产品、装配、特征、几何实体四级装配空间对象，层次、结构、约束三类装配空间语义的空间语义知识模型。以装配操作事件为时间对象，采用时间点和时间段表达时态，以时态拓扑关系描述时间语义知识。提出并建立时空语义知识本体模型，构建面向装配序列智能规划的产品时空语义知识系统。

4.1 产品时空语义知识建模

建立的时空语义知识本体模型是否完整直接决定了装配序列规划是否能够清晰表达。建立时空语义知识本体模型的基本原则如下。

① 明确性和客观性　所建立的时空语义知识本体模型应有效地表达装配相关所定义术语的意义。

② 一致性　时空语义知识本体模型推断出来的概念定义与本体中的概念保持一致。

③ 可扩展性　当建立的时空语义知识本体模型提供一个共享词汇时，应在不改变原有定义的前提下，把该词汇作为新术语定义的基础。

④ 最小编码误差　本体应处于知识的层次，不受特写的符号级编码的影响。

⑤ 最小本体承诺　本体在保证共享知识的条件下，尽可能地减少本体承诺。即允许对本体进行承诺的知识系统根据自身需要自由地对本体进行专门化和实例化。

⑥ 规范性　尽可能使用标准术语，避免术语定义的随意性。

⑦ 表达能力最大化　采用多种概念层次和多重继承机制增强表达能力。

建立时空语义知识本体模型的方法：依据时空语义知识本体模型建立的基本原则，明确本体建立的目的和范围；建立与研究的领域大小相适应的领域本体；在该领域专家的指导下定义本体中术语及术语与术语之间的关系；选用合适的本体建立工具。

产品时空语义知识模型是实现面向装配序列智能规划的时空语义知识系统的理论基础。分析装配序列智能规划的方法，基于知识的检索式装配序列规划，通过知识库、数据库、推理机的综合运用，生成产品装配序列规划。检索式装配序列规划能力取决于系统储存装配序列规划的多少。有限的实例知识制约了基于知识检索的装配序列智能规划推广应用。除了产品的 CAD 模型外，装配序列规划的另一个重要依据是装配序列规划先验知识，包含事实型知识和经验型知识。装配序列规划先验知识的建模，涉及产品零件的属性、典型结构装配操作序列以及装配序列规划的常用规则。因此，研究既能表达产品 CAD 模型蕴含的装配知识，又能表达装配序列规划先验知识的模型可以在更高层次上支持装配序列智能规划。

在装配空间域和时间域，从对象和关系两个方面入手，将产品装配建模中的装配模型看作空间对象，将装配关系看作空间语义；将产品装配建模中的装配操作看作时间对象，将装配关系的时间约束看作时间语义。通过产品空间对象的结构语义与产品时间对象装配操作实现的结构关联，表达产品空间语义知识与产品时间语义知识的关联，提出产品时空语义知识模型。引入层次、结构空间语义，装配级上引入物理属性、时态拓扑关系，建立时空语义装配信息模型。同时为了克服以设计体积变化、运动变化和技术变化关联空间域和时间域信息时，建模困难、不易量化、鲁棒性差的问题，以装配空间对象的约束优先关系描述装配空间对象的时间语义；以装配操作实现的空间结构描述装配操作时间对象的空间语义，实现时空语义装配信息的关联。

4.1.1 产品空间语义知识建模

在复杂机械产品装配过程中，先将零件按照特征间满足一定的装配关系组装成部件，再将各个部件和零件按照一定的次序组装成最终的产品。装配体 CAD 模型中零件间关系需要满足几何位置关系、连接约束关系等，一般以零件的不同几何特征、零件几何特征与基准几何特征、零件几何造型特征与基准几何特征之间的关系表达。零件先组装成子装配体部件，子装配体部件进一步组装成产品，产品与其子装配体部件、子装配体部件与零件之间存在层次关系。子装配体部件通常为典型结构，典型结构的装配顺序通常是固定的。在装配过程中，零件物理属性信息是影响产品装配操作的重要因素。影响产品装配序列规划的空间语义信息主要包括产品装配体中零部件组成信息、零件的特征信息、零部件间的装配关系信息。提出产品、装配、特征、几何实体四级装配空间对象，层次、结构、约束三类装配空间语义来描述面向智能装配序列规划的产品空间语义知识，如图 4-1 所示。

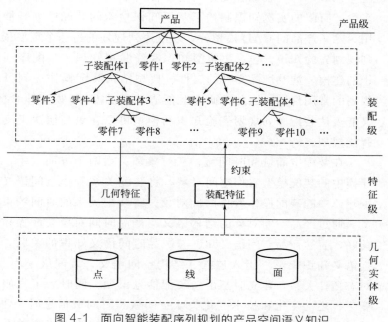

图 4-1　面向智能装配序列规划的产品空间语义知识

　　面向产品智能装配序列规划的空间对象知识包括产品、子装配体、零件、特征（几何特征、装配特征）、几何体素（点、线、面）。零部件间的装配约束关系是实现产品整体功能的最基本单元。空间约束语义用来描述实现零部件间装配的约束关系，主要包括重合约束、平行约束、垂直约束、相切约束、同轴心约束、距离约束和角度约束等。空间层次语义描述产品装配体的各个内部组成子装配体、零件间的父子从属关系。实现特定功能的零部件结构在通常情况下对应着固定的拆卸顺序。因此，实现特定功能的零部件结构是实现产品装配序列智能规划的一个非常重要因素。空间结构语义用来描述实现特定功能的零部件结构。机械零件从实现特定功能的角度，其结构语义可以分为连接语义、运动语义、定位支撑语义三种类型，如图 4-2 所示。

　　其中，连接语义主要有铆钉连接、螺纹连接、键槽连接、轴孔连接、销连接等；运动语义中的传动语义结构主要有链传动、带传动、齿轮传动、蜗轮蜗杆传动、凸轮传动、螺纹传动等；定位支撑语义中的定位语义包括坐标系定位、轴向面定位、周向面定位、轴向线定位、周向线定位等。

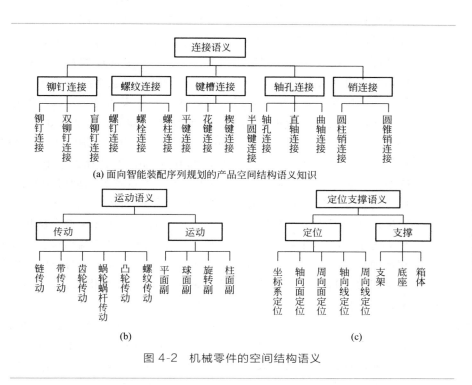

(a) 面向智能装配序列规划的产品空间结构语义知识

(b)

(c)

图 4-2　机械零件的空间结构语义

4.1.2　产品时间语义知识建模

　　装配先验知识是指装配工艺人员在长期日常生产实践中整理、挑选、总结出的装配经验。它由特定领域的描述、关系和过程组成，主要用于装配基础件的判定、子装配体结构的识别、装配顺序的判定等。产品装配先验知识分为装配经验型知识和装配事实型知识两大类。装配经验型知识是指装配工艺人员在长期日常生产实践中总结出的用于判定独立装配单元中所有零件间装配顺序的装配经验，如装配精度保证性知识、装配状态稳定性知识、装配操作方便性知识、装配零件属性确定性知识。装配事实型知识来源于具体产品的装配工艺事实，主要用于同层子装配体间、稳定的子装配体中所有零件间装配顺序的判定以及子装配体和基础件的判定，如装配单元装配顺序知识、装配单元的稳定知识、装配基础件的判定知识。

　　Allen 认为时间段应是唯一的时态元素。Vila 提出使用时间点和时间段作为时间概念表达的时态元素。舒红指出时态拓扑关系包括时间段之间、时间点与时间段之间以及时间点之间的拓扑关系。Allen 研究了时态拓扑关系描述和推理，归纳出了 13 种时态关系，并用组合表的形式描述了 13 种时态拓扑关系的推理结果。时态拓扑关系关心两个方面：两个事件发生的先后顺序和两个事件在时间上是否相邻发生。将时态拓扑关系引入产品智能装配序列规划，分析产品的装配过程。影响装配序列智能规划的产品时间语义信息主要包括装配操作事件、先后顺序及是否相邻发生。提出以装配操作事件为时间对象，采用时间点和时间段表达时态，以时态拓扑关系描述面向装配序列智能规划的产品时间语义知识，如图 4-3 所示。其中，AO_{T1}（Assembly Operation Time1）和 AO_{T2} 表示装配操作 1 时间段和装配操作 2 时间段。面向装配序列智能规划的产品时态拓扑关系中包含了 13 种时态拓扑关系，用于描述装配操作时间点、装配操作时间段间的拓扑关系。以 5 种基本的几何拓扑关系为基础，衍生出 13 种时态拓扑关系。根据时态对象之间的相切性、主动性以及生存时间的先后性等因素，从相离时态细分出先于、后于两种。从相接时态中细分出终端与始端相接、始端与终端相接两种。从相交时态中细分出相交和被相交。从包含时态中细分出被包含且相切于始端、包含且相切于始端、被包含且不相切、包含且不相切、被包含且相切于终端、包含且相切于终端。

13 种时态拓扑关系都可以用于表示装配操作时间段之间的拓扑关系。如果把时间点 AO_{T1} 看作是延续时间为 0 的时间段，可以用于描述时间点与时间段之间的拓扑关系；把时间点 AO_{T1}、AO_{T2} 都看作是延续时间为 0 的时间段，可以用于描述时间点间的拓扑关系，如图 4-3 所示。

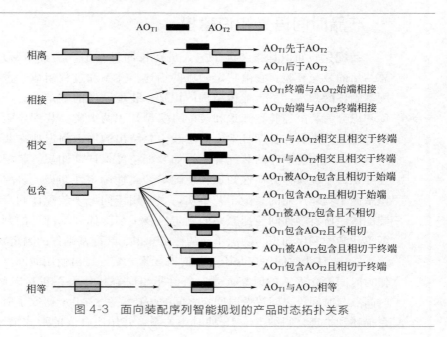

图 4-3　面向装配序列智能规划的产品时态拓扑关系

4.2 产品时空语义知识系统

在产品时空语义知识建模、知识提取的基础上，采用本体知识表达方法，建立产品时空语义知识模型。采用六元组定义产品时空语义知识本体结构描述装配序列智能规划领域的概念及概念之间的关系：

$$KO = \langle C, AC, R, AR, H, X \rangle \qquad (4\text{-}1)$$

式中　　KO ——知识本体；

　　　　C ——某领域的概念集；

　　　　AC ——建立在 C 上的属性集；

　　　　R ——建立在 C 上的关系集；

　　　　AR ——建立在 R 上的属性集；

　　　　H ——建立在 C 上的概念层次；

　　　　X ——概念的属性值和关系的属性值的约束或者概念对象之间关系的约束。

以产品、装配、特征、几何实体四级装配空间对象描述面向智能装配序列规划的空间对象，以层次、结构、约束三类装配空间语义描述面向智能装配序列规划的产品空间语义知识，以装配操作事件为时间对象，以时间点和时间段的时态拓扑关系描述面向智能装配序列规划的产品时间语义知识，采用美国斯坦福大学开发的知识系统开发软件工具 Protégé3.4.4，建立时空语义知识本体模型，构建面向装配序列智能规划的产品时空语义知识系统。

4.2.1 产品空间语义知识本体模型

产品装配级上包括了装配体和零件两类空间对象，因此面向智能装配序列规划的产品空间对象知识本体模型包含产品、装配体、零件、特征、几何五类。产品空间对象间的层次、结构、约束三类装配空间语义知识通过属性定义实现。

采用 Protégé 构建空间对象本体类、空间关系类、特征类型类、几何类型类、零件非几何属性类、零件类型类、结构类。空间对象本体类 spacial_object 包含五个子类，即 product、assembly、part、feature、geometry，用于描述产品、装配体、零件、特征、几何五类空间对象。空间关系类、特征类型类、几何类型类、零件非几何属性类、零件类型类、结构类属于辅助类，用于描述空间对象的层次、结构、约束关系及智能装配序列规划需要的零件属性。

产品本体模型如图 4-4 所示，属性 product _ name、product _ description 分别表示产品的名称与描述。has _ assembly 分别表示产品包含的装配体、零件，引用装配体本体类、零件本体类的实例。

装配体本体模型如图 4-5 所示，属性 assembly _ name、assembly _ description 分别表示装配体的名称和描述。属性 has _ assembly、has _ part、is _ assembly _ of 表达装配体与产品、装配体、零件间的层次关系。属性 assembly _ mate _ assembly、assembly _ mate _ part、assembly _ position _ constraint、assembly _ dimension _ constraint 表达装配体与装配体、装配体与零件间的约束关系，assembly _ structure _ connection、assembly _ structure _ movement、assembly _ structure _ location 表达装配体结构关系。

product		
product_name	Instance*	
product_description	Instance*	
has_assembly	Instance*	assembly
has_part	Instance*	part

图 4-4　产品本体模型

assembly		
assembly_mate_part	Instance*	part
is_assembly_of	Instance*	assembly / product
assembly_description	Instance*	
assembly_name	Instance*	
assembly_mate_assembly	Instance*	assembly
assembly_structure_movement	Instance*	movement_structure
assembly_dimension_constraint	Instance*	dimension_constraints
assembly_position_constraint	Instance*	position_constraint
has_assemblygeometry	Instance*	geometry
has_assembly	Instance*	assembly
has_part	Instance*	part
has_assemblyfeature	Instance*	feature
assembly_structure_connection	Instance*	connection_structure
assembly_structure_location	Instance*	location_support_structure

图 4-5　装配体本体模型

零件本体模型如图 4-6 所示，属性 part _ name、part _ description 分别表示零件的名称和描述。属性 is _ part _ of _ assembly、is _ part _ of _ product、has _ formfeature、has _ formgeometry、has _ assemblyfeature、has _ assemblygeometry 表达零件与产品、装配体、特征、几何间的层次关系。属性 part _ mate _ assembly、part _ mate _ part、assembly _ position _ constraint，assembly _ dimension _ constraint 表达零件与装配体、零件与零件间的约束关系，part _ structure _ connection、part _ structure _ movement、part _ structure _ location 表达零件的结构关系。属性 part _ size、part _ brittle、part _ quality、part _ position、part _ symmetric、part _ elastic、part _ material、part _ cost、part _ direction 分别表示零件的大小、易碎性、质量、上下、对称性、弹性、材料、价值等与装配序列智能规划有关的非几何属性。

part		
part_type_property	Instance*	part_type
part_size	Instance*	
part_brittle	Instance*	
part_mate_assembly	Instance*	assembly
part_quality	Instance*	
part_description	Instance*	
part_position	Instance*	
part_symmetric	Instance*	
part_elastic	Instance*	
part_name	Instance*	
has_formfeature	Instance*	feature
has_formgeometry	Instance*	geometry
part_material	Instance*	
part_mate_part	Instance*	part
is_part_of_assembly	Instance*	assembly
part_contactnum	Instance*	
is_part_of_product	Instance*	product
part_position_referencenum	Instance*	
part_cost	Instance*	
part_direction	Instance*	
assembly_dimension_constraint	Instance*	dimension_constraints
assembly_position_constraint	Instance*	position_constraint
has_assemblygeometry	Instance*	geometry
has_assemblyfeature	Instance*	feature
part_structure_movement	Instance*	movement_structure
part_structure_location	Instance*	location_support_structure
part_structure_connection	Instance*	connection_structure

图 4-6　零件本体模型

特征本体类属性 feature _ name、feature _ description 表示特征的名称和描述。属性 is _ feature _ of _ assembly、is _ feature _ of _ part、has _ formgeometry、has _ assemblygeometry 表达特征与装配体、零件、几何间的层次关系。属性 feature _ mate _ feature、assembly _ position _ constraint、assembly _ dimension _ constraint 表达特征间的约束关系。

几何本体类属性 geometry _ name、geometry _ description 表示几何名称和描述。属性 is _ geometry _ of _ feature 表达几何与特征间的层次关系。属性 geometry _ mate _ geometry、assembly _ position _ constraint、assembly _ dimension _ constraint 表达几何间的约束关系。

4.2.2　产品时间语义知识本体模型

面向智能装配序列规划的产品时间对象知识本体模型包含耦合连接、固定连接、啮合连接、夹紧连接四类。耦合连接又分为键连接和销连接两类，固定连接又分为焊接、螺纹连接、卡入、粘接、缝合五类。装配操作的时态拓扑关系分为相离、相接、相交、包含、相等共 5 大类 13 个子类。

装配操作即时间对象本体类，属性 operation _ name、operation _ description 表示装配操作名称和描述。属性 operation _ achieving _ structure 表达装配操作实现的结构，引用结构本体类的实例。属性 operation _ relevant _ operation、operation _ relation 表达装配操作间的时态关系。

4.2.3　产品时空语义知识系统

电梯是高层建筑不可缺少的垂直运输设备，截止到 2017 年底全国电梯总量已超过 562.7 万台。电梯层门闭锁装置是保证现代电梯安全运行的关键部件，如图 4-7 所示。

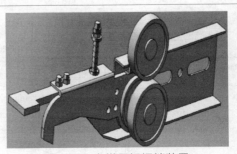

图 4-7　电梯层门闭锁装置

　　采用产品时空语义知识提取方法，启动 SolidWorks 打开装配体，获得当前活动文档对象，判断活动对象是否是装配体对象，获得当前装配体的配置和组件对象，遍历装配体，输出装配体中的各零件和子装配体名称及层次；获得特征和特征的类型，识别输出配合的类型，实现面向智能装配序列规划的产品时空语义相关知识的提取。

　　以建立的产品时空语义知识本体模型为基础，在类和属性定义基础上添加类的实例，实现产品时空语义知识系统的构建，包括空间对象本体库、空间关系本体库、特征类型本体库、几何类型本体库、零件非几何属性本体库、零件类型本体库、结构本体库、时间对象本体库以及时间关系本体库。添加类的实例，实现电梯层门闭锁装置面向装配序列智能规划的产品时空语义知识系统，如图 4-8 所示。

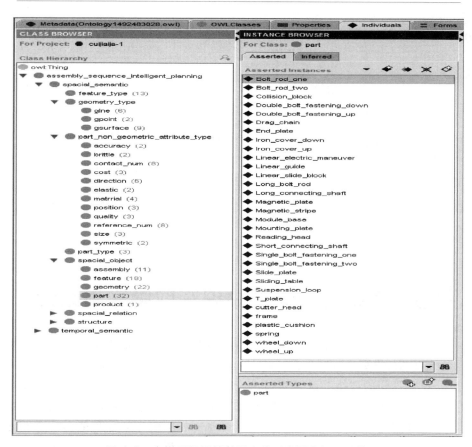

图 4-8　电梯层门闭锁装置产品时空语义知识系统

将 Protégé3.4.4 软件建立的电梯层门闭锁装置产品时空语义知识系统，存储为 owl 格式的文件，如图 4-9 所示。为装配序列智能规划中子装配体划分，基于知识检索与规则推理的装配序列智能规划奠定了基础。

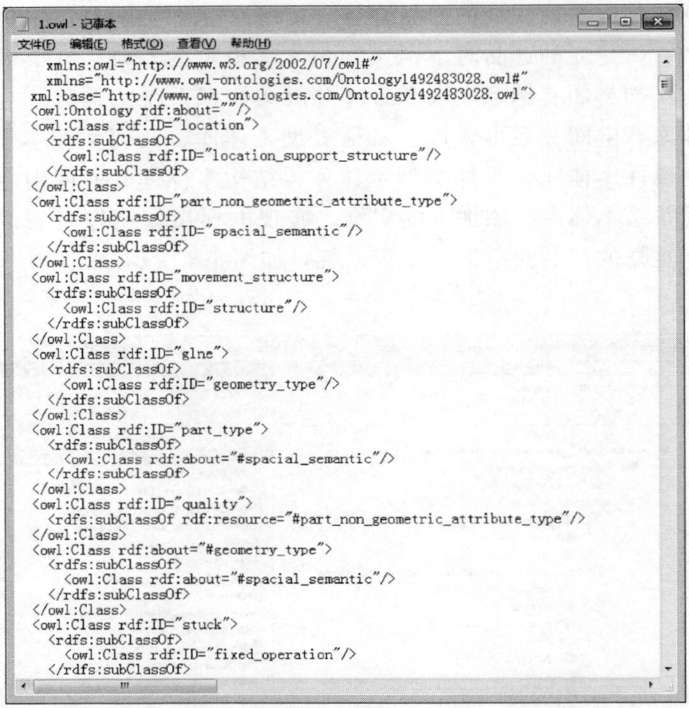
```
1.owl - 记事本
文件(F) 编辑(E) 格式(O) 查看(V) 帮助(H)
  xmlns:owl="http://www.w3.org/2002/07/owl#"
  xmlns="http://www.owl-ontologies.com/Ontology1492483028.owl#"
xml:base="http://www.owl-ontologies.com/Ontology1492483028.owl">
<owl:Ontology rdf:about=""/>
<owl:Class rdf:ID="location">
  <rdfs:subClassOf>
    <owl:Class rdf:ID="location_support_structure"/>
  </rdfs:subClassOf>
</owl:Class>
<owl:Class rdf:ID="part_non_geometric_attribute_type">
  <rdfs:subClassOf>
    <owl:Class rdf:ID="spacial_semantic"/>
  </rdfs:subClassOf>
</owl:Class>
<owl:Class rdf:ID="movement_structure">
  <rdfs:subClassOf>
    <owl:Class rdf:ID="structure"/>
  </rdfs:subClassOf>
</owl:Class>
<owl:Class rdf:ID="glne">
  <rdfs:subClassOf>
    <owl:Class rdf:ID="geometry_type"/>
  </rdfs:subClassOf>
</owl:Class>
<owl:Class rdf:ID="part_type">
  <rdfs:subClassOf>
    <owl:Class rdf:about="#spacial_semantic"/>
  </rdfs:subClassOf>
</owl:Class>
<owl:Class rdf:ID="quality">
  <rdfs:subClassOf rdf:resource="#part_non_geometric_attribute_type"/>
</owl:Class>
<owl:Class rdf:about="#geometry_type">
  <rdfs:subClassOf>
    <owl:Class rdf:about="#spacial_semantic"/>
  </rdfs:subClassOf>
</owl:Class>
<owl:Class rdf:ID="stuck">
  <rdfs:subClassOf>
    <owl:Class rdf:ID="fixed_operation"/>
  </rdfs:subClassOf>
```

图 4-9 电梯层门闭锁装置产品时空语义知识系统的 owl 文件

4.3 产品时空语义知识获取需求与来源

面向装配序列智能规划的产品时空语义知识需求主要包括：装配体 CAD 模型中反映装配中零件间关系的知识，如零件间的几何位置关系、零件间的连接关系等的知识；减小装配序列搜索空间的装配层次关系知识，如装配体与其子装配体与零件的层次关系；重用典型结构的装配序列规划的典型结构语义知识；实现集成装配先验知识的装配序列规划需要的表达装配先验知识的零件物理属性信息知识；重用典型结构、集成装配先验知识的装配序列规划需要的装配操作的先后关系。产品时空语义知识的获取需求信息，如图 4-10 所示。

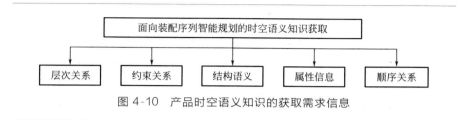

图 4-10　产品时空语义知识的获取需求信息

　　产品 CAD 模型蕴含的装配层次关系以及几何、拓扑约束关系是进行产品装配序列规划的重要依据。随着三维 CAD 软件在机械行业的深入与广泛应用，企业积累了大量的三维装配体模型。产品的三维 CAD 模型包含的装配隐形知识信息很难直接得到，大量的信息包含在装配过程中；同时由于信息交互过程中数据传输的不确定性及随机性，给智能装配规划造成一定的难度。利用高效的时空语义知识获取技术，从三维装配体模型提取装配时空语义相关知识到产品时空语义知识系统，为装配序列智能规划提供必要的产品 CAD 模型蕴含的装配特征信息，这是装配序列智能规划的基础。在分析产品时空语义知识需求、知识来源的基础上，以产品 CAD 装配模型为基础，采用基于 Windows 的 COM 技术，分析 SolidWorks API 对象、CATIA Automation API 对象结构，调用 Solid-Works 对象的接口、属性、方法和事件，访问 CAD 模型内部数据，提取装配模型的层次信息、约束关系、特征及几何实体，以获取装配序列规划所需的时空语义装配信息。

　　复杂的装配体往往是由不同层次零件、子装配体组成的，这种层次关系既清晰地表达了零件、子装配体所在的层次位置，又描述了装配体中零件与子装配体之间的父子从属关系。对于复杂产品的装配序列智能规划，由于装配体包含的零件数目过多，装配规划方案与零件数目之间为指数关系，会出现无效解过多和"组合爆炸"。子装配体不但可以减少装配序列规划零件数量的复杂性，还可以很好地展示出装配体的结构层次性。在装配序列规划的过程中，通过时空工程语义知识检索的装配体层次及包含的零件，可以分层进行推理，降低复杂装配体的装配序列规划的难度，提高装配的效率和质量。装配体层次信息的提取对产品智能装配序列规划来说是必不可少的。子装配体的划分方式及原则多种多样，为了更好地实现基于时空工程语义知识检索与推理装配序列规划，子装配体的划分应遵循以下原则。

　　a.子装配体中各个零件间连接关系是稳定的。

b. 子装配体中的零件装配完成后，不影响后续其余零件的装配。

c. 子装配体作为独立的装配单元，只有当其装配完成后才能作为整体与其余的子装配体或零件进行装配。

子装配体的划分从很大程度上依靠装配经验，由于装配经验因人而异，所以对子装配体的划分也是不同的。模糊聚类分析法是将所研究事物按照某一特性或标准进行归类划分的方法。在子装配体划分总原则的前提下，采用模糊聚类分析法可以有效解决面向装配规划的子装配体划分。

模糊聚类分析的理论基础有模糊关系、模糊相似矩阵和 λ 截矩阵等。

定义 1：设 U 和 V 是两个论域，$\underset{\sim}{R}$ 是 $U \times V$ 的一个模糊子集。它的隶属函数为映射：$u_R : U \times V \to [0, 1]$，即

$$(x, y) \| \to u_R(x, y) \xlongequal{\text{记为}} \underset{\sim}{R}(x, y) \tag{4-2}$$

称隶属度 $\underset{\sim}{R}(x, y)$ 为 (x, y) 关于模糊关系 $\underset{\sim}{R}$ 的相关度。

定义 2：对于有限论域 $U = (x_1, x_2, \cdots, x_m)$，$V = (y_1, y_2, \cdots, y_n)$，从 U 到 V 的模糊关系 $\underset{\sim}{R}$ 可用 $m \times n$ 模糊矩阵表示，即

$$\boldsymbol{R} = (r_{ij})_{m \times n} \tag{4-3}$$

式中，$r_{ij} = \underset{\sim}{R}(x, y) \in [0, 1]$ 表示 (x_i, y_j) 对模糊关系 $\underset{\sim}{R}$ 的相关程度。$\boldsymbol{I}$ 为单位矩阵，若 $\boldsymbol{R}$ 满足

自反性 $\boldsymbol{I} \leqslant \boldsymbol{R}(\Leftrightarrow r_{ij} = 1)$

对称性 $\boldsymbol{R}^T = \boldsymbol{R}(\Leftrightarrow r_{ij} = r_{ji})$

则称 $\boldsymbol{R}$ 为模糊相似矩阵。

定义 3：设 $\underset{\sim}{A} \in \zeta(U)$，对于任意 $\lambda \in [0, 1]$，记

$$(\underset{\sim}{A})_\lambda = A_\lambda \stackrel{\text{def}}{=} \{x \mid \underset{\sim}{A}(x) \geqslant \lambda\} \tag{4-4}$$

称 A_λ 为 $\underset{\sim}{A}$ 的 λ 截集，其中 λ 为阈值或置信水平。

引入装配配合关系接近度概念，采用模糊聚类分析法划分子装配体的流程如图 4-11 所示。

装配配合关系接近度是指装配体中零件与零件之间的配合成为组件或子装配体合理性的一种量度，用隶属度函数 $A(X_i, Y_j)$ 表示。其值越大，说明零件 X_i 与零件 Y_j 之间的配合关系接近程度越大，装配成组件或子装配体的可能性也就越大，反之则越小。主要影响该值大小与装配操作过程中定位基准、装配精度、装配配合关系数量和零件属性等有关。隶属度函数 $A(X_i, Y_j)$ 采用如下所示：

$$A(X_i, Y_j) = r_{ij} \tag{4-5}$$

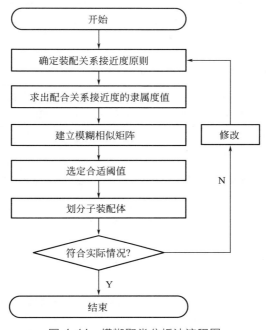

图 4-11 模糊聚类分析法流程图

根据电梯门锁产品的特殊性，依据本领域技术专家主观评定法确定零件与零件之间的装配配合关系接近度 r_{ij} 。装配配合关系接近度规则如表 4-1 所示。

表 4-1 装配配合关系接近度规则

零件 X_i 与零件 Y_j 之间规则描述	装配配合关系接近度 r_{ij}
零件 X_i 与零件 Y_j 之间无配合关系	0
（零件 X_i 与零件 Y_j 之间有配合关系）and（ X_i 螺栓， Y_j 螺母）	0.9
（零件 X_i 与零件 Y_j 之间有配合关系）and（ X_i 轴类零件， Y_j 带轮类零件）	0.8
（零件 X_i 与零件 Y_j 之间有配合关系）and（ X_i 定位基准多的零件， Y_j 定位基准少的零件）	0.6
（零件 X_i 与零件 Y_j 之间有配合关系）and（ X_i 装配精度高的零件， Y_j 装配精度高的零件）	0.7
（零件 X_i 与零件 Y_j 之间有配合关系）and（ X_i 装配配合关系多的零件， Y_j 装配配合关系少的零件）	0.65

续表

零件 X_i 与零件 Y_j 之间规则描述	装配配合关系接近度 r_{ij}
(零件 X_i 与零件 Y_j 之间有配合关系)and(X_i 体积大、质量大的零件, Y_j 质量小、重量小的零件)and(X_i 结构对称, Y_j 结构对称)	0.55
(零件 X_i 与零件 Y_j 之间有配合关系)and(X_i 体积小、质量小的零件, Y_j 质量小、重量小的零件)and(X_i 结构对称, Y_j 结构对称)	0.45
(零件 X_i 与零件 Y_j 之间有配合关系)and(X_i 装配精度高的零件, Y_j 装配精度低的零件)	0.25
(零件 X_i 与零件 Y_j 之间有配合关系)and(X_i 定位基准多的零件, Y_j 定位基准多的零件)	0.2
(零件 X_i 与零件 Y_j 之间有配合关系)and(X_i 装配配合关系多的零件, Y_j 装配配合关系多的零件)	0.15
(零件 X_i 与零件 Y_j 之间有配合关系)and(X_i 体积大、质量大的零件, Y_j 体积大、质量大的零件)	0.15
(零件 X_i 与零件 Y_j 之间有配合关系)and(X_i 体积大、质量大的零件, Y_j 体积小、质量小的零件)and(X_i 不结构对称, Y_j 结构对称)	0.1

根据表 4-1，得出电梯门锁装配体中零件与零件之间装配配合关系接近度的隶属度值，从而得到表 4-2 及相关的模糊相似矩阵（4-6）。

表 4-2　电梯门锁装配体中零件与零件之间装配配合关系接近度的隶属度值

序号	1	2	3	4	5	6	7	8	9	10	11	12	13	14	15	16	17	18
1	1	0	0.7	0	0	0	0	0	0	0	0	0	0.6	0	0	0	0	0
2	0	1	0.7	0	0.8	0	0.65	0.7	0.7	0.1	0.1	0.7	0.65	0	0.6	0	0	0
3	0.7	0.7	1	0.8	0	0	0	0	0	0	0	0	0	0	0	0	0	0
4	0	0	0.8	1	0	0	0	0	0	0	0	0	0	0	0	0	0	0
5	0	0.8	0	0	1	0.8	0	0	0	0	0	0	0	0	0	0	0	0
6	0	0	0	0	0.8	1	0	0	0	0	0	0	0	0	0	0	0	0
7	0	0.65	0	0	0	0	1	0.55	0.55	0	0	0	0	0	0	0	0	0
8	0	0.7	0	0	0	0	0.55	1	0	0.9	0	0	0	0	0	0	0	0
9	0	0.7	0	0	0	0	0.55	0	1	0.9	0	0	0	0	0	0	0	0
10	0	0.1	0	0	0	0	0	0.9	0.9	1	0	0	0	0	0	0	0	0
11	0	0.1	0	0	0	0	0	0.9	0	0	1	0	0	0	0	0	0	0
12	0	0.7	0	0	0	0	0	0	0	0	0	1	0.8	0.8	0.8	0.8	0.9	0.9
13	0.6	0.65	0	0	0	0	0	0	0	0	0	0.8	1	0	0	0	0	0
14	0	0	0	0	0	0	0	0	0	0	0	0.8	0	1	0.45	0.45	0	0
15	0	0.6	0	0	0	0	0	0	0	0	0	0.8	0	0.45	1	0	0	0
16	0	0	0	0	0	0	0	0	0	0	0	0.8	0	0.45	0	1	0.45	0.45
17	0	0	0	0	0	0	0	0	0	0.9	0	0.9	0	0	0	0.45	1	0.45
18	0	0	0	0	0	0	0	0	0	0.9	0	0.9	0	0	0	0.45	0.45	1

根据电梯门锁装配体中零件与零件之间装配配合关系接近度的隶属度值，模糊相似矩阵如下所示：

$$\widetilde{R}=\begin{bmatrix}
1 & 0 & 0.7 & 0 & 0 & 0 & 0 & 0 & 0 & 0 & 0 & 0 & 0.6 & 0 & 0 & 0 & 0\\
0 & 1 & 0.7 & 0 & 0.8 & 0 & 0.65 & 0.7 & 0.7 & 0.1 & 0.1 & 0.7 & 0.65 & 0 & 0.6 & 0 & 0\\
0.7 & 0.7 & 1 & 0.8 & 0 & 0 & 0 & 0 & 0 & 0 & 0 & 0 & 0 & 0 & 0 & 0 & 0\\
0 & 0 & 0.8 & 1 & 0 & 0 & 0 & 0 & 0 & 0 & 0 & 0 & 0 & 0 & 0 & 0 & 0\\
0 & 0.8 & 0 & 0 & 1 & 0.8 & 0 & 0 & 0 & 0 & 0 & 0 & 0 & 0 & 0 & 0 & 0\\
0 & 0 & 0 & 0 & 0.8 & 1 & 0 & 0 & 0 & 0 & 0 & 0 & 0 & 0 & 0 & 0 & 0\\
0 & 0.65 & 0 & 0 & 0 & 0 & 1 & 0.55 & 0.55 & 0 & 0 & 0 & 0 & 0 & 0 & 0 & 0\\
0 & 0.7 & 0 & 0 & 0 & 0 & 0.55 & 1 & 0 & 0 & 0 & 0 & 0 & 0 & 0 & 0 & 0\\
0 & 0.7 & 0 & 0 & 0 & 0 & 0.55 & 0 & 1 & 0.9 & 0 & 0 & 0 & 0 & 0 & 0 & 0\\
0 & 0.1 & 0 & 0 & 0 & 0 & 0 & 0 & 0.9 & 1 & 0 & 0 & 0 & 0 & 0 & 0 & 0\\
0 & 0.1 & 0 & 0 & 0 & 0 & 0 & 0 & 0 & 0 & 1 & 0.9 & 0 & 0 & 0 & 0 & 0\\
0 & 0.7 & 0 & 0 & 0 & 0 & 0 & 0 & 0 & 0 & 0.9 & 1 & 0 & 0 & 0 & 0 & 0\\
0.6 & 0.65 & 0 & 0 & 0 & 0 & 0 & 0 & 0 & 0 & 0 & 0 & 1 & 0.8 & 0.8 & 0.9 & 0.9\\
0 & 0 & 0 & 0 & 0 & 0 & 0 & 0 & 0 & 0 & 0 & 0 & 0.8 & 1 & 0 & 0.45 & 0\\
0 & 0.6 & 0 & 0 & 0 & 0 & 0 & 0 & 0 & 0 & 0 & 0 & 0.8 & 0 & 1 & 0.45 & 0.45\\
0 & 0 & 0 & 0 & 0 & 0 & 0 & 0 & 0 & 0 & 0 & 0 & 0.9 & 0.45 & 0.45 & 1 & 0.45\\
0 & 0 & 0 & 0 & 0 & 0 & 0 & 0 & 0 & 0 & 0 & 0 & 0.9 & 0 & 0.45 & 0.45 & 1
\end{bmatrix}$$

(4-6)

采用模糊聚类分析中的最大树法进行子装配体的划分，首先获得模糊相似矩阵，采用节点和边画出最大树，然后选定阈值 $\lambda \in [0, 1]$ 切割最大树进行模糊聚类。找出 r_{ij} 中最大值 0.9，对应点的节点分别是 sha4-2 和 bolt6、sha5-1 和 bolt5、sha3-1 和 bolt1、sha3-1 和 bolt2，将节点用线连接起来，按照 r_{ij} 从大到小的顺序将剩余的节点连接起来，直到所有的节点都出现在最大树中为止，如图 4-12 所示，根据模糊相似矩阵画出的最大树。

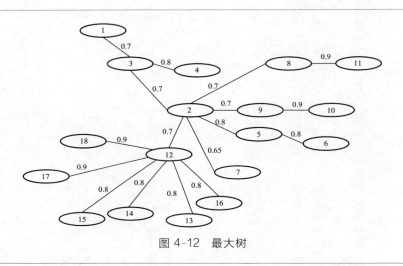

图 4-12 最大树

取阈值 $\lambda = 0.7$，去掉 $r_{ij} < 0.7$ 的边，这时将装配体分为 2 类，即 {T_plate} 和 {frame、Long_connecting_shaft、wheel_down、cutter_head、Bolt_rod_two、Single_bolt_fastening_two、Bolt_rod_one、Single_bolt_fastening_one、Short_connecting_shaft、wheel_up、Long_bolt_rod、Double_bolt_fastening_down、Double_bolt_fastening_up、Iron_cover_up、spring、plastic_cushion、Iron_cover_down}。

取阈值 $\lambda = 0.8$，去掉 $r_{ij} < 0.8$ 的边，这时将装配体分为 7 类，即 {Long_bolt_rod、Double_bolt_fastening_down、Double_bolt_fastening_up、Iron_cover_up、spring、plastic_cushion、Iron_cover_down}、{T_plate}、{cutter_head、Short_connecting_shaft、wheel_up}、{Bolt_rod_one、Single_bolt_fastening_one}、{Bolt_rod_two、Single_bolt_fastening_two}、{Long_connecting_shaft、wheel_down} 和 {frame}。

取阈值 $\lambda = 0.9$，去掉 $r_{ij} < 0.9$ 的边，这时将装配体分为 14 类，即

{Long _ bolt _ rod、Double _ bolt _ fastening _ up、Double _ bolt _ fastening _ down}、{Iron _ cover _ up}、{spring}、{plastic _ cushion}、{Iron _ cover _ down}、{T _ plate}、{cutter _ head}、{Short _ connecting _ shaft}、{wheel _ up}、{Bolt _ rod _ one、Single _ bolt _ fastening _ one}、{Bolt _ rod _ two、Single _ bolt _ fastening _ two}、{Long _ connecting _ shaft}、{wheel _ down}和{frame}。

通过对比分析可知,取阈值 $\lambda = 0.8$,去掉 $r_{ij} < 0.8$ 的边,这时将装配体分为 7 类。这种划分子装配体的方式不仅明确详细,而且更符合实际的装配过程。因此采用阈值 $\lambda = 0.8$ 作为电梯门锁子装配体划分依据。划分后的电梯层门闭锁装置如图 4-13 和表 4-3 所示。

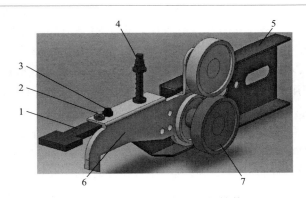

图 4-13 划分后的电梯层门闭锁装置

表 4-3 划分后电梯层门闭锁装置子装配体对照表

子装配体	包含的零件
1	T_plate
2	Bolt_rod_one、Single_bolt_fastening_one
3	Bolt_rod_two、Single_bolt_fastening_two
4	Long_bolt_rod、Double_bolt_fastening_down、Double_bolt_fastening_up、Iron_cover_up、spring、plastic_cushion、Iron_cover_down
5	frame
6	cutter_head、Short_connecting_shaft、wheel_up
7	Long_connecting_shaft、wheel_down

在产品子装配体划分的基础上,采用 CAD 建模软件 SolidWorks 或 CATIA,在零件造型的基础上实现数字化预装配,建立起产品 CAD 装配模型,可完整、正确地传递产品装配体设计参数、装配层次和装配信息。

4.4　基于 SolidWorks 的产品时空语义知识提取技术

SolidWorks 是基于 Windows 平台的全参数化的三维实体造型软件，具有操作界面友好、特征造型快捷的优点，为设计人员提供了良好的设计环境。为了方便用户在软件本身功能的基础上开发出适合自己的功能模块，SolidWorks 提供了二次开发接口（API）。SolidWorks 二次开发分两种：一种是基于 OLE 技术，它是对象链接与嵌入技术的简称，它提供了方便的技术，将文档和各异程序的不同类型的数据结合起来，但是它只能开发出独立的可执行程序，即 EXE 形式的程序，不能集成在 Solid-Works 系统下；另一种开发方式是基于 Windows 的 COM 技术，可以生成 *.dll 格式的文件嵌入到 SolidWorks 的软件中形成一个插件，便于随时调用和取消，而且它可以使用较多的 SolidWorks API 函数，执行效率比 EXE 快许多。

采用基于 Windows 的 COM 技术，以 Microsoft Visual Studio 2005（vs2005）和 SolidWorks API 语言作为实现手段，在对 SolidWorks API 对象结构分析的基础上，对产品 CAD 建模软件 SolidWorks 2013 进行二次开发，调用 SolidWorks 对象的接口、属性、方法和事件，访问 CAD 模型的内部数据，实现面向智能装配序列规划的产品时空语义相关知识的提取。

4.4.1　SolidWorks API 对象

SolidWorks 中所有数据都被封装成对象，并形成树形层次结构。SolidWorks 对象是 SolidWorks API 中最高层的对象，能够实现应用程序的最基本操作。其子对象 ModelDoc2 包含了 PartDoc、AssemblyDoc、DrawingDoc API 对象，可以实现 SolidWorks 中的零件、装配体、工程图的访问操作。实现面向智能装配序列规划的产品时空语义相关知识提取的主要 SolidWorks API 对象是 ModelDoc2 及其子对象 AssemblyDoc，树形结构层次图如图 4-14 所示。

分析产品装配模型结构、装配信息分层描述可知，总装配体及其部件间、子装配体及其部件间具有相同的数据结构，可以采用递归方法遍历其产品装配模型树识别提取 SolidWorks 产品的装配信息。遍历 Solid-Works 产品装配模型树的算法流程如图 4-15 所示。

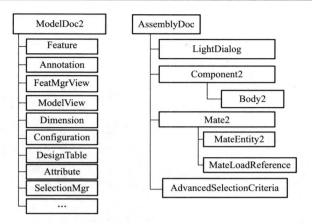

图 4-14 ModelDoc2 和 AssemblyDoc 树形结构层次图

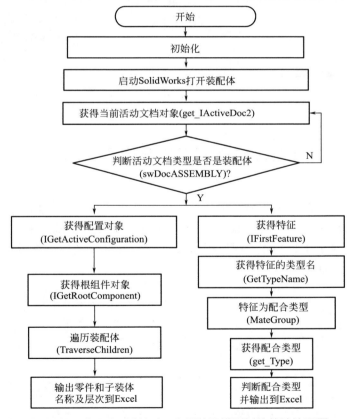

图 4-15 遍历 SolidWorks 产品装配模型树的算法流程图

以某型号的电梯层门闭锁装置为例，对其产品时空语义知识进行提取。操作界面如图 4-16 所示。

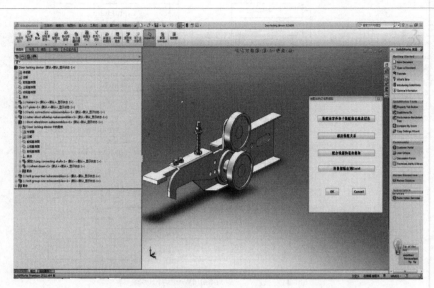

图 4-16   操作界面

4.4.2   产品装配时空语义信息提取

（1）装配层次信息提取

装配体层次信息提取时，首先获得当前装配体的配置和当前配置的装配组，在当前配置和当前配置的装配组的基础上对装配体进行遍历。若对于子装配体，则调用遍历子函数就可以获得装配体层次信息。部分代码如下所示。

```
* * * * * * * * * * * * * * * * * * * * * * * * * * * * * * * *
* * * * * * * * * * * * * * * * * * * * * * * * * * * * * * * *
if(S_OK==hres || nChildren > 0)
{
pChildren=new CComPtr< IComponent> [nChildren];//初始化字符串
数组
    hres=pComponent-> IGetChildren((IComponent * * * )&pChildren);//获
得子零件
    if(S_OK==hres)
```

```
        {
        for( i＝0;i< nChildren;i＋＋ )
        {TraverseChildren(RecurseLevel,MyString,pChildren[i]);//递归
遍历子零部件
        pChildren[i]＝NULL;//释放子零件对象
        }
        }
        delete[]pChildren;
        }
        RecurseLevel--;
        return nChildren;//返回
        ＊＊＊＊＊＊＊＊＊＊＊＊＊＊＊＊＊＊＊＊＊＊＊＊＊＊＊＊＊＊＊＊＊＊
        m_iModelDoc-> IGetActiveConfiguration(&pConfiguration);//获得
配置对象
        pConfiguration-> IGetRootComponent(&pRootComponent);//获得根
组件对象
        TraverseChildren(RecurseLevel,&MyString,pRootComponent);//遍
历装配体
        ＊＊＊＊＊＊＊＊＊＊＊＊＊＊＊＊＊＊＊＊＊＊＊＊＊＊＊＊＊＊＊＊＊＊
```

装配体层次信息提取如图 4-17 所示。

（2）装配约束关系提取

装配体是由若干零件或子装配体组成的，零件与零件间满足约束关系，这样的约束关系被称为配合关系。配合关系不但可以从定性上清晰地描述零件、子装配体之间的相互位置及相互约束，还可以在定量上表示零件、子装配体之间的复杂程度（这种复杂程度由配合关系的数量来表示）。装配配合关系数量多的零件，在空间位置上包含空间约束也多，在装配序列规划中应优先装配。在装配体零件间具体的配合约束关系，可以判断出零件、子装配体在装配序列规划中的优先级。

在 SolidWorks API 函数中，在 swconst. h 和 swconst. bas 中 swMate-Type _ e 列表中定义的配合类型包括：swMateCOINCIDENT（重合）、swMateCONCENTRIC（同心）、swMatePERPENDICULAR（垂直）、swMatePARALLEL（平行）、swMateTANGENT（相切）、swMateDIS-TANCE（距离）、swMateANGLE（角度）、swMateUNKNOWN（未知）。

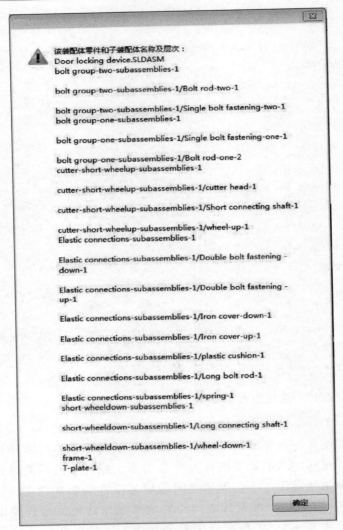

图 4-17　装配体层次信息提取

　　在获得配合关系的程序中，需要先获得当前装配体的配置和当前配置的装配组，在当前配置和当前配置的装配组的基础上进行装配体遍历。若对于子装配体，则调用遍历子函数直至获得组成三维装配模型的各个零件，对各个零件的三维模型零件进行遍历，识别配合的类型。例如若是重合配合则输出重合配合，并调出重合配合的零件名称，实现配合关系的提取。部分程序代码如下所示。

```
* * * * * * * * * * * * * * * * * * * * * * * * *
* * * * * * * * * * * * * * * * * * * * * *
pMate2-> get_Type(&lMateType);//获得配合的类型
if(lMateType==swMateCONCENTRIC)//同心配合
{
CString string10=("同心配合:\n");
CString total;
CString filename1;//定义输出配合关系零件1
CComPtr< IMateEntity2> pMateEntity0;
CComPtr< IMateEntity2> pMateEntity1;
long nMateEntityType0;
long nMateEntityType1;
BSTR diyi;//定义配合中第一零件的名称
BSTR dier;//定义配合中第二零件的名称
CComPtr< IComponent2> pComp0;
CComPtr< IComponent2> pComp1;
rs=pMate2-> get_Type(&lMateType);
rs=pMate2-> MateEntity(0,&pMateEntity0);
ATLASSERT(pMateEntity0);
rs=pMate2-> MateEntity(1,&pMateEntity1);
ATLASSERT(pMateEntity1);
rs=pMateEntity0-> get_ReferenceType2(&nMateEntityType0);
rs=pMateEntity1-> get_ReferenceType2(&nMateEntityType1);
rs=pMateEntity0-> get_ReferenceComponent(&pComp0);
pComp0-> get_Name2(&diyi);//获得同心配合第一个零件的名称
* * * * * * * * * * * * * * * * * * * * * * * * *
```

配合关系的提取如图 4-18 所示。

（3）装配几何特征提取

配合线面特征信息是配合关系表达的基础。在常见的装配体中，零件与零件间的配合方式包括：零件表面与零件表面之间的配合、零件边线与零件边线之间的配合、参考轴与参考轴之间的配合、参考面与参考面之间的配合。在零件 CAD 模型中，是通过几何特征间的配合关系进行装配的。因此，零件间的几何关系是进行装配序列规划最为关心的对象。

采用交互方式进行配合线面特征的提取，不但直观地表现出零件之间的几何关系，而且提高线面配合特征提取的效率和降低线面特征识别的难度。配合线面特征提取时，首先需要获得当前活动的对象，通过该对象获取到选择管理器对象；然后在选择管理器对象的基础上获得用户选择对象的类型并判断选择对象的类型，选择对象为零件边线、零件表面、参考轴或者参考面；最后输出选择的对象类型。部分程序代码如下所示。

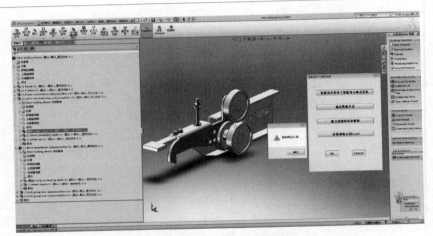

图 4-18　装配关系的提取

```
* * * * * * * * * * * * * * * * * * * * * * * * * * * * * * * * * *
m_iModelDoc-> GetType(&docType);//获得当前活动文档类型
if(docType！＝swDocASSEMBLY)
{
AfxMessageBox("打开的文件不是装配体");
return;//返回
}
CComPtr< ISelectionMgr> swSelectionMgr;//定义选择管理器对象
m_iModelDoc-> get_ISelectionManager(&swSelectionMgr);//获得选
择管理器对象
long count＝0;//定义选择对象的个数
swSelectionMgr-> GetSelectedObjectCount(&count);//获得所选择对
象的个数
if(count！＝1)//如果所选择对象的个数不等于1
{
AfxMessageBox("请在装配过程中选择面、边线、参考面或参考轴");
```

```
return;//返回
}
long type=-1;//定义选择对象的类型
swSelectionMgr-> GetSelectedObjectType2(1,&type);//获得所选择
对象的类型
CComPtr< IUnknown> swUnknownObject;//定义选择对象
swSelectionMgr-> IGetSelectedObject4(1,&swUnknownObject);//获
得所选择的对象
switch(type)
{
case   swSelEDGES://所选择对象的类型为边线
{
AfxMessageBox("选择该零件的几何特征为-边线");//弹出曲线长度消息框
break;
}
case swSelFACES://所选择对象的类型为零件表面
* * * * * * * * * * * * * * * * * * * * * * * * * * * * * * * *
case swSelDATUMPLANES://所选择对象的类型为参考面
* * * * * * * * * * * * * * * * * * * * * * * * * * * * * * * *
case swSelDATUMAXES://所选择对象的类型为参考轴
* * * * * * * * * * * * * * * * * * * * * * * * * * * * * * * *
AfxMessageBox("所选对象类型必须为面、边线、参考面或参考轴");
return;//返回
}
```

配合线面特征的提取如图 4-19 所示。

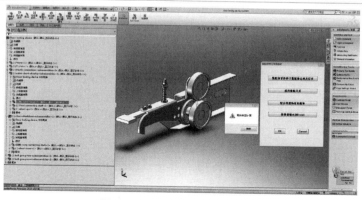

图 4-19　配合线面特征的提取

4.4.3　产品时空语义知识的存储

Excel 具有强大的报表制作功能，因此以电梯层门闭锁装置为例将提取出来的产品时空语义知识保存到 Excel 表格中，使原本复杂的数据可以轻松地处理。以 Microsoft Office Excel 2003 为存储对象，_ application、workbooks、_ workbook、worksheets、_ worksheet、Range 等类添加至工程，实现对 Excel 的操作。当搜索到配合特征时，将已经创建好的 Excel 表格打开，并将数据传送到 Excel 表格指定的位置，进而进行数据的保存。部分代码如下所示。

```
_Application app;
Workbooks books;
_Workbook book;
Worksheets sheets;
_Worksheet sheet;
Range range;
if( ! app. CreateDispatch("Excel. Application"))
{
this-> MessageBox("无法正确创建 Excel 应用!");
return;
}
app. SetVisible(true);//将 Excel 设置为隐藏状态
app. SetDisplayFullScreen ( false );  app. SetDisplayAlerts
(false);//实现屏蔽跳出的保存对话框
books. AttachDispatch(app. GetWorkbooks(),true);
book. AttachDispatch(books. Add(_variant_t("d:\\配合关系. xls")));//
得到 Workssheets
sheets=book. GetSheets();
sheet=sheets. GetItem(COleVariant((short)1));
range=sheet. GetRange(COleVariant("A2"),COleVariant("A2"));//
显示 Excel 表格
app. SetVisible(TRUE);
app. SetUserControl(TRUE);//通过 Workbook 对象的 SaveAs 方法可实现
保存 Excel
book. SaveAs(COleVariant("d:\\配合关系. xls"),covOptional,covOp-
tional,covOptional,covOptional,covOptional,long(1),covOptional,
covOptional,covOptional,covOptional,covOptional);
app. Quit();//关闭 Excel
```

如图 4-20 和图 4-21 所示为电梯层门闭锁装置保存的时空语义知识。

	A
1	该装配体零件和子装配体名称及层次
2	Door locking device.SLDASM bolt group-two-subassemblies-1 bolt group-two-subassemblies-1/Bolt rod-two-1 bolt group-two-subassemblies-1/Single bolt fastening-two-1 bolt group-one-subassemblies-1 bolt group-one-subassemblies-1/Single bolt fastening-one-1 bolt group-one-subassemblies-1/Bolt rod-one-2 cutter-short-wheelup-subassemblies-1 cutter-short-wheelup-subassemblies-1/cutter head-1 cutter-short-wheelup-subassemblies-1/Short connecting shaft-1 cutter-short-wheelup-subassemblies-1/wheel-up-1 Elastic connections-subassemblies-1 Elastic connections-subassemblies-1/Double bolt fastening - down-1 Elastic connections-subassemblies-1/Double bolt fastening - up-1 Elastic connections-subassemblies-1/Iron cover-down-1 Elastic connections-subassemblies-1/Iron cover-up-1 Elastic connections-subassemblies-1/plastic cushion-1 Elastic connections-subassemblies-1/Long bolt rod-1 Elastic connections-subassemblies-1/spring-1 short-wheeldown-subassemblies-1 short-wheeldown-subassemblies-1/Long connecting shaft-1 short-wheeldown-subassemblies-1/wheel-down-1 frame-1 T-plate-1
3	
4	
5	
6	
7	
8	
9	
10	
11	
12	
13	
14	

图 4-20　装配体层次信息提取

	A	B	C	D
1	配合特征	配合零件1	配合零件2	两零件的配合参考特征
2	重合配合:	frame-1	Elastic connections-subassemblies-1/plastic cushion-1	配合特征为-面
3	重合配合:	frame-1	cutter-short-wheelup-subassemblies-1/cutter head-1	配合特征为-参考轴
4	重合配合:	cutter-short-wheelup-subassemblies-1/cutter head-1	short-wheeldown-subassemblies-1/Long connecting shaft-1	配合特征为-参考轴
5	重合配合:	frame-1	short-wheeldown-subassemblies-1/Long connecting shaft-1	配合特征为-参考轴
6	重合配合:	T-plate-1	bolt group-two-subassemblies-1/Bolt rod-two-1	配合特征为-面
7	重合配合:	cutter-short-wheelup-subassemblies-1/cutter head-1	Door locking device	配合特征为-参考轴
8	重合配合:	cutter-short-wheelup-subassemblies-1/cutter head-1	Door locking device	配合特征为-参考轴
9	重合配合:	cutter-short-wheelup-subassemblies-1/cutter head-1	bolt group-one-subassemblies-1/Single bolt fastening-one-1	配合特征为-面
10	重合配合:	Elastic connections-subassemblies-1/Long bolt rod-1	Elastic connections-subassemblies-1/spring-1	配合特征为-参考轴
11	距离配合，	Elastic connections-subassemblies-1/spring-1	Elastic connections-subassemblies-1/Long bolt rod-1	配合特征为-面
12	重合配合:	Elastic connections-subassemblies-1/Iron cover-down-1	Elastic connections-subassemblies-1/spring-1	配合特征为-参考轴
13	距离配合，	Elastic connections-subassemblies-1/Iron cover-down-1	Elastic connections-subassemblies-1/Long bolt rod-1	配合特征为-面
14	重合配合:	Elastic connections-subassemblies-1/plastic cushion-1	Elastic connections-subassemblies-1/Long bolt rod-1	配合特征为-参考轴
15	距离配合，	Elastic connections-subassemblies-1/plastic cushion-1	Elastic connections-subassemblies-1/Long bolt rod-1	配合特征为-面

图 4-21　配合关系和配合线面特征的提取

4.5 基于 CATIA 的产品时空语义知识提取技术

以 CATIA Automation 二次开发技术为基础，利用 VB IDE 提出改进的递归遍历算法，深度挖掘装配体模型的层次、属性、约束信息，全面提取，并完整、直观地保存在 Excel 表格中。

4.5.1 CATIA Automation API 对象

CATIA 是最常用的三维建模软件之一，在建模过程中往往输入了大量的零部件特征、参数信息，利用空间约束关系将各个零部件组合成完整的装配体。完善的装配模型信息为数字化装配系统的建立提供了重要的数据基础和对象支撑。从 CATIA 三维数字化装配模型中，提取所需的装配体模型的层次、属性、约束信息，实现面向装配序列智能规划的时空语义知识提取。

CATIA V5 提供了多种二次开发接口，采用自动化对象编程技术（CATIA V5 Automation），通过提供给用户 Idispatch 接口开发出相关的应用程序，操作 CATIA 中相关的对象和属性。利用 Visual Basic6.0 集成开发环境，调用 CATIA V5 的 Automation API，对于 CATIA 进行二次开发。CATIA V5 Automtion 中的模型数据都以对象的形式被封装在相应的模型文件中，并以树状结构呈现，如图 4-22 所示。CATIA V5 Automation 本质上就是对象的集合，内含多个对象。每种对象或集合都有个性化的属性和方法以备调用。

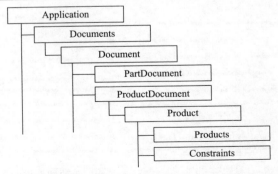

图 4-22 CATIA V5 Automation 部分基础对象架构

面向装配序列智能规划的时空语义知识提取时，所需特征信息主要包括三个方面：①装配体层次信息，即各级子装配体和零部件名称；②属性信息，即零部件相关物理参数、材料等属性；③约束信息，即各零部件间相应的配合方式、配合关系。层次和物料信息主要来源于 ProductDocument 对象下的 Product 对象。约束信息主要来源于 ProductDocument 对象下的 Constraints 对象。

面向装配序列智能规划的时空语义知识提取时，按照装配体建模完成后的模型结构树进行逐层遍历。由上到下，由外到内，先根后枝，层层遍历。即通过 VB 编程来操纵 CATIA 中的 API 函数，调用模型结构树相关对象（Object）或集合（Collection）的属性和方法，读取相关类、库文件，从而识别提取数字化装配模型中的装配体层次信息、属性信息和约束信息并输出到 Excel 表格中。二次开发整体流程如图 4-23 所示。

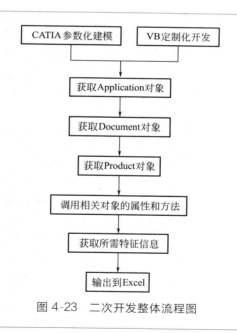

图 4-23　二次开发整体流程图

4.5.2　装配体时空语义信息提取方法

(1) 改进的递归遍历算法

传统的递归遍历算法在二次开发过程中，对于模型信息的挖掘深度、完整度存在一定不足，往往只能提取到双层嵌套的装配体信息，即总装配体-子零部件的特征信息；对于子零部件依旧是装配体的多层嵌套复杂装配体，往往存在一定的局限性。在传统递归遍历算法的基础上，针对复杂的多层嵌套装配体，利用改进的递归遍历算法，可对模型特征信息进行深入、完整的挖掘与提取，同步导入至 Excel 表格中，形成层次及属性信息表、约束信息表。

CATIA 的模型结构树如图 4-24 所示。分析 CATIA 的模型结构树结构，可以获取到模型的层次信息、约束信息，而属性信息则隐藏在具体零部件的用户属性文件之中。依据二叉树遍历思想，利用改进的递归遍历算法，对模型结构树的遍历可采用由根到枝层层递进的方式。从总装配体作为根节点进入，由上到下，每遇到一个子节点就向内继续遍历其子叶，逐层深入，以确保每一个子装配体、每一个零件都被访问到。

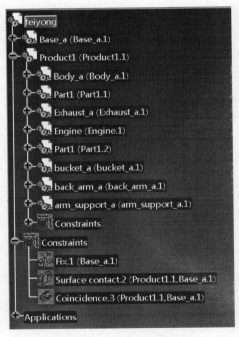

图 4-24　CATIA 的模型结构树

（2）装配体层次信息提取

装配体层次信息即是描述装配体内部零部件层级的信息，完整涵盖了各级子装配体及各个零部件。针对模型结构树的传统遍历算法参照对于二叉树模型的遍历，往往只能涉及第二层的装配体嵌套，即总装配体层—零件层，遍历深度存在较大的不足；对于多层嵌套的装配体，即子装配体内仍包含有子装配体的复杂装配体，无法准确、全面地获取其内部每一个子节点的模型信息。

针对装配体模型结构树的遍历，结合 CATIA Automation API 的软件特性，提出一种改进的递归遍历算法。在遍历循环函数中设置一个标记变量和一个层次深度变量，用以记录该节点下是否还有子节点以及层级大小。如果有，源程序中断，再次调用遍历循环函数，对该子节点进行遍历；与此同时，标记变量也会再次被重新声明，并记录该子节点内部还有没有子节点。层级深度记录变量会随着遍历循环函数的调用而自增，表示嵌套层次更深一层。每当一个深层次的遍历循环完成后，层次深度记录变量会自减，程序也会自动回到上一层遍历循环程序的断点处，继续遍历上一层装配体的下一个零部件。当所有层次的递归遍历完成之后，会回到主程序并结束程序，提取到的全部特征信息及零部件对应的层级将会生成在 Excel 表格中。装配体层次信息提取整体流程如图 4-25 所示。

（3）属性信息提取

属性信息隐藏在各个零部件相关联的用户属性文件中，对于完整的属性信息提取，需要建立在深度遍历的基础上。对每一层的零部件进行逐层检索的同时，对各个零部件的物理参数、材料属性进行挖掘提取。主要涉及质量、来源、材料、版本、成本等参数信息。

在建模过程中，由于不同的行业需求，故对于零部件的物料参数信息有着不同的定义和描述。这部分信息通过 Product 对象的 UserRef-Properties 属性进行检索、提取。对于上述的各个参数，若建模时已添加定义和描述，则可完整提取；若该参数对于领域来说无关紧要，建模时没有额外声明，提取时则以"0"（空）值代替。

（4）约束信息提取

约束关系是描述装配体各个零部件组合方式、配合关系的重要模型信息，通过合理的约束关系，各级零部件、子装配体才能正确组合成总装配体。由于 CATIA Automation 方法本身只支持对于第一层零部件的相互约束信息的读取，在改进的遍历算法的基础上，必须再将内层子装配体激活为新的活动文档（ActiveDocument），才可读取约束信息文件。故以改进的遍历算法为基础，添加相应的激活和关闭当前活动装配体文档（ProductDocument）的指令。

在新的循环遍历函数中，每次识别到子装配体，程序都会激活新的装配体文档并提取约束信息，提取结束后则再次调用新的循环遍历函数，继续检查组成该子装配体的零部件中是否有子装配体，直到确认不再有子装配体，之后程序返向至上一层遍历程序的断点，关闭被打开的新装配体文档，返回上一层装配体零部件的循环遍历中，直到所有层级的遍历循环函数均执行完毕，则返回主程序至结束，提取完整的约束信息并生成在一张新的 Excel 表格中。约束信息提取流程如图 4-26 所示。

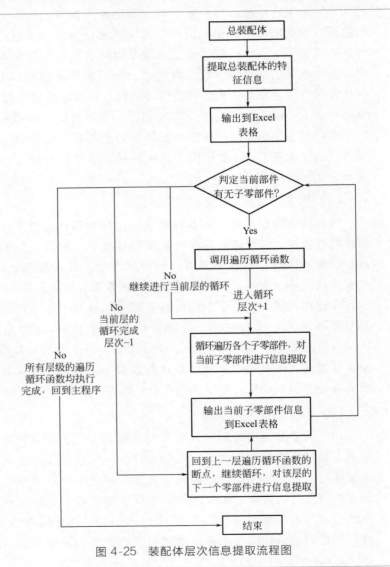

图 4-25　装配体层次信息提取流程图

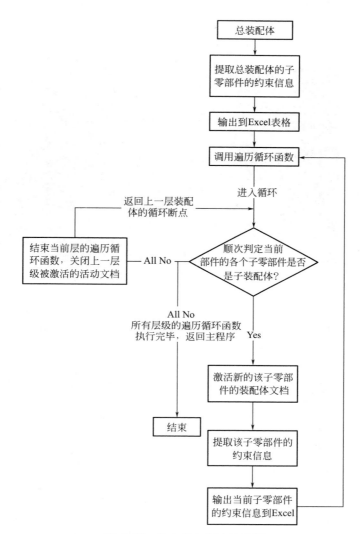

图 4-26　约束信息提取流程图

4.5.3　挖掘机装配体应用实例

以某型号挖掘机模型为例，总装配体下有两个子部件，而其中一个子部件是子装配体，CATIA 建模如图 4-27 所示。

使用 VB 编程进行 CATIA Automation 二次开发，对 3D 模型进行特征信息提取。层次及物料信息表如图 4-28 所示。装配体各个层级的划分明确，各零部件的属性信息可访问。

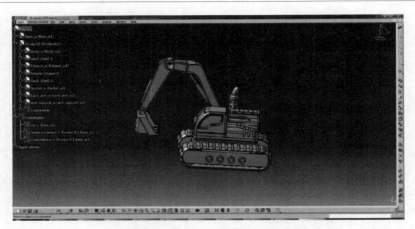

图 4-27　某型号挖掘机的 CATIA 建模

名称	中文名称	质量/kg	来源	材料	版本	成本	装配层次
feiyong		100	0	0	0	0	1
Base_a		10	进口	0	0	0	2
Product1		90	组装	0	0	0	2
Body_a		10	0	0	0	0	3
Part1.1		10	0	0	0	0	3
Exhaust_a		10	0	0	0	0	3
Engine		20	0	0	0	0	3
Part1		10	0	0	0	0	3
bucket_a		10	0	0	0	0	3
back_arm_a		10	0	0	0	0	3
arm_support_a		10	0	0	0	0	3

图 4-28　层次及物料信息表

约束信息表如图 4-29 所示，Fix 为固定约束，Surface Contact 为表面接触配合，Coincidence 为重合约束。约束信息相对应的零部件组合也直观地呈现出来。

名称/序号	配合类型	配合部件 _1	配合部件 _2
feiyong			
1	Fix.1	Base_a	
2	Surface_contact.2	Product1	Base_a
3	Coincidence.3	Product1	Base_a
Product1			
1	Fix.1	Body_a	
2	Surface_contact.11	Engine	Body_a
3	Coincidence.12	Engine	Body_a
4	Coincidence.14	Body_a	Engine
5	Coincidence.27	Exhaust_a	Body_a
6	Surface_contact.28	Exhaust_a	Body_a
7	Surface_contact.29	arm_support_a	Body_a
8	Surface_contact.30	arm_support_a	Body_a
9	Coincidence.31	Body_a	arm_support_a
10	Coincidence.32	back_arm_a	arm_support_a
11	Coincidence.33	arm_support_a	back_arm_a
12	Coincidence.34	Part1	back_arm_a
13	Coincidence.35	back_arm_a	Part1
14	Coincidence.36	Part1	bucket_a
15	Coincidence.37	bucket_a	Part1
16	Coincidence.38	bucket_a	Body_a
17	Surface_contact.39	Body_a	Body_a
18	Surface_contact.40	Body_a	Part1
19	Surface_contact.41	Body_a	Part1
20	Coincidence.43	Part1	Body_a

图 4-29　约束信息表

第5章

基于知识检索
与规则推理的
装配规划

5.1 系统框架设计

时空工程语义驱动的产品装配序列智能规划系统主要作用是在产品开发过程中,辅助装配工艺人员对产品装配过程进行装配序列规划和仿真分析。从系统实现的角度,给出了时空工程语义驱动的产品装配序列智能规划系统的详细流程,如图5-1所示。时空工程语义驱动的产品装配序列智能规划系统将产品时空语义知识建模、装配序列规划和装配仿真等关键技术应用到产品智能装配序列规划中,能够为装配工艺人员提供产品装配知识模型和知识系统,实现产品的装配序列智能规划。通过软件DELMIA环境下仿真分析,以便及时发现装配过程中的错误和缺陷。以时空工程语义驱动的产品装配序列智能规划系统的关键核心技术为基础,形成系统的主要功能模块,包括产品时空语义知识建模、装配序列规划和装配仿真。

(1)产品时空语义知识建模

有效的产品时空语义知识建模方法是实现智能装配序列规划的基础。从工程语义知识时空拓扑模型入手,建立工程语义知识本体模型。由于产品时空语义知识提取得越多,所建立的产品时空语义知识模型越完善,则知识检索与规则推理能力越强,因此通过 SolidWorks API 或者 CATIA Automation API 对象的访问,实现对 SolidWorks 模型、CATIA 模型的时空语义知识获取。以时空语义知识和装配经验知识为基础,采用 protégé3.4.4 软件构建产品时空语义知识模型,为基于知识检索、规则推理的装配序列生成奠定基础。

(2)装配序列规划

基于时空工程语义知识检索与规则推理的装配序列规划通过检索式与推理式结合生成,其中时空工程语义知识规则库是基于时空工程语义知识检索与规则推理的数据基础。通过将时空工程语义知识规则封装至"RuleReasoner. rules"文件中,采用 Eclipse 3.1 对该规则库进行调取和推理实现装配序列规划。

(3)装配仿真

应用数字化仿真技术开展装配序列规划可及时发现产品装配过程中存在的装配序列生成是否合理、是否符合现实装配情况,有效减少装配缺陷,降低产品的装配风险,保证产品装配的质量。基于"数字化工厂"仿真平台 DELMIA 软件，研究直线电动机装配过程，验证装配序列的可行性。

（4）系统开发的环境与软件

系统开发的环境与软件有 Windows 7、Java、jdk-1＿5＿0＿04、Eclipse 3.1、jena-2.6.0、Protege3.4.4。

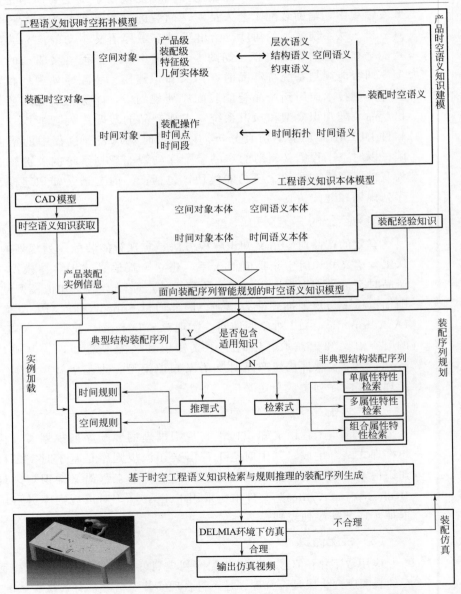

图 5-1　时空工程语义驱动的产品装配序列智能规划系统的详细流程图

5.2 基于本体检索与推理的装配规划

　　装配序列规划是实现装配规划的关键性内容，它对产品的装配过程有着直接的影响。装配序列选取是否最优，不仅与装配效率和质量相关，还直接影响整个装配过程的可行性。利用本体模型在概念表达、时空工程语义知识检索和知识推理方面具有的优势，来实现复杂产品的装配序列规划。提出了基于时空工程语义知识检索与规则推理的装配序列生成流程，如图 5-2 所示。基于多元属性匹配知识检索，基于时空工程语义知识规则库的推理，实现子装配体及总装配体装配序列生成。研究了时空工程语义知识检索与规则推理机制，第一层是基于 protégé3.4.4 软件构

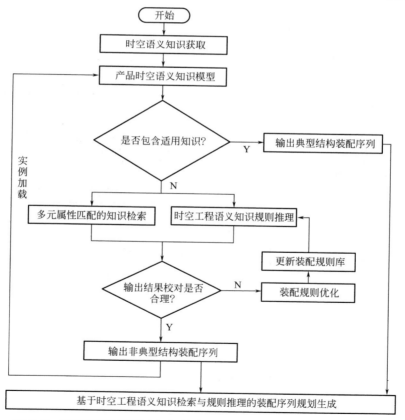

图 5-2　基于时空工程语义知识检索与规则推理的装配序列生成流程图

建产品时空语义知识模型，构建领域概念之间的关系，并与实例集形成逻辑映射；第二层是装配检索及规则推理，利用检索获取产品时空语义知识模型中显性知识，根据时空工程语义知识规则库推理出隐性知识；第三层是装配序列输出，规划出实例集的装配序列。如图 5-3 所示为装配序列规划本体检索及推理机制。通过模糊综合评价筛选求出全集最优装配序列。以直线电动机（型号：DDL136-530-320-MX）的智能装配序列规划为例，验证提出的时空工程语义知识检索与规则推理的装配序列智能规划的有效性。

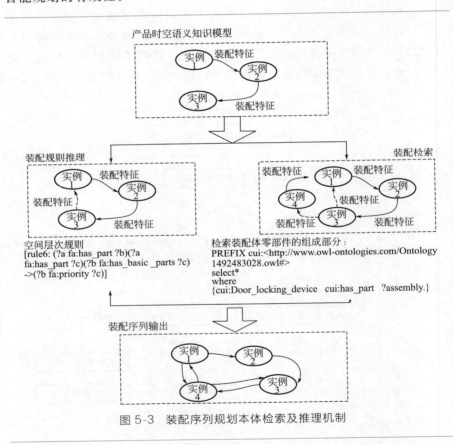

图 5-3 装配序列规划本体检索及推理机制

5.2.1 时空工程语义知识检索

以产品时空语义知识系统为基础，基于单属性特性检索匹配、多属性特性检索匹配和组合属性特性检索匹配，实现装配本体模型语义检索、典型结构的装配序列规智能划，辅助基于规则推理的装配序列规划。

常见的本体检索语言有 SPARQL 和 RQL。2006 年，W3C 将 SPAR-QL（Simple Protocol and RDF Query Language）作为本体检索语言候选推荐标准，2008 年成为 W3C 的推荐标准。SPARQL 检索语言的语法结构与 SQL 语句类似，可以实现在 protégé 中进行本体信息的检索。此外，SPARQL 作为 Jena 框架下 RDF、OWL 等的本体检索语言既可以通过图形模式匹配对 RDF 图进行查询检索，还能够运用 SQL 的 SELECT 查询。

SPARQL 主要由查询语言规范、XML 格式输出和数据存取协议等规范组成。SPARQL 是由主语、谓语和宾语三元模式组成的，但是这种三元模式构成比较复杂。因此 SPARQL 使用缩写或简化形式代替复杂的三元模式，Turtle 将 URI 简化为前缀（prefix），可以简洁高效地描述 RDF 三元组。SPARQL 查询一般包括四个基本元素：以关键字 PREFIX 为首的语句声明一次检索查询所用到的命名空间及简写标签；以关键字 SELECT 声明检索查询的内容；以关键字 FROM 声明检索查询的对象；以关键字 WHERE 声明检索查询的条件，还可以使用 "UNION" "OP-TIONAL" "FILTER" 等实现约束检索查询和匹配。

装配序列规划中实现特定功能的零部件结构，被称为典型结构。典型结构在通常情况下对应着固定的装配顺序。因此，检索产品时空语义知识模型中的空间结构语义知识，可以实现典型结构的装配序列智能规划。例如在运动语义的传动方式中齿轮传动依靠轮齿间的啮合来传递运动和扭矩，是机械中常用的传动方式之一。齿轮传动包括齿轮、键和轴，其装配顺序为轴→键→齿轮，如图 5-4 所示。在连接语义中的螺纹连接是一种使用广泛且可拆卸的连接方式，它一般是由被连接件 1、被连接件 2、螺栓和螺母组成的，其装配顺序为被连接件 1→被连接件 2→螺栓→螺母。

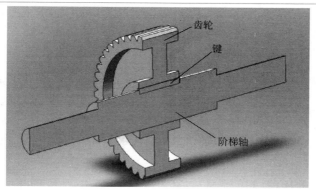

图 5-4　齿轮传动

依据产品时空工程语义知识模型中对象的类、属性和实例，在装配规则引导下进行属性特性知识检索，实现典型结构装配序列智能规划。按照需要检索的属性不同，可以分为单属性特性检索、多属性特性检索和组合属性特性检索。根据属性特性检索结果，结合典型结构装配经验规则推理出典型结构的装配序列。

（1）单属性特性检索

在知识检索中对单个属性进行查询的单属性特性检索，采用 SPAR-QL 查询中的 SELECT、WHERE 语句。如检索电梯层门闭锁装置包含的子装配体和零部件，则应首先确立电梯层门闭锁装置装配体的实例名称为 Door_locking_device，描述该装配体所包含零部件的属性为 has_part，查询电梯层门闭锁装置装配体所包含零部件。单属性特性程序如下所示。

```
PREFIX cui:< http://www.owl-ontologies.com/Ontology1492483028.owl# >
select *
where
{cui:Door_locking_device  cui:has_part  ? assembly. }
```

电梯层门闭锁装置装配体所包含零部件的检索查询结果如图 5-5 所示。

图 5-5　电梯层门闭锁装置装配体所包含零部件的检索查询结果

（2）多属性特性检索

在知识检索中多属性特性检索可以同时实现多个属性的查询，采用 SPARQL 查询中的 SELECT、WHERE 以及 UNION 语句配合实现。多属性特性检索可以按照语义信息实现综合查询整合。如在电梯层门闭锁装置知识系统中，查询检索电梯层门闭锁装置的零部件中的基础件。多属性特性检索程序如下所示。

电梯层门闭锁装置的零部件中的基础件检索查询结果如图 5-6 所示。

```
PREFIX cui:< http://www.owl-ontologies.com/Ontology1492483028.owl# >
select *
where
{{cui:Door_locking_device cui:assembly_name? assembly. }
UNION
{cui:Door_locking_device cui:has_part? assembly. }
UNION
{cui:Door_locking_device cui:has_basic_parts? assembly. }
}
```

图 5-6　电梯层门闭锁装置的零部件中的基础件检索查询结果

（3）组合属性特性检索

产品时空语义知识模型中蕴含的部分装配序列规划信息，不能通过单属性特性检索匹配和多属性特性检索匹配实现，需要两者配合的组合属性特性检索匹配才能检索出需要的信息。组合属性特性检索采用 SPARQL 查询中的 SELECT、WHERE 语句嵌套以及 UNION 语句配合实现。如检索子装配体 short _ wheeldown _ subassemblies 包含的零部件，及其装配配合关系的组合属性特性检索程序如下所示。

```
PREFIX cui:< http://www.owl-ontologies.com/Ontology1492483028.owl# >
select *
where
{cui:short_wheeldown_subassemblies cui:has_part? assembly. }
PREFIX cui:< http://www.owl-ontologies.com/Ontology1492483028.owl# >
select *
where
{{cui:Long_connecting_shaft cui:mating_part_1? part. }
UNION
{cui:Long_connecting_shaft cui:mating_part_2? part. }
UNION
{cui:Long_connecting_shaft cui:assembly_position_constraint? part. }
}
```

通过检索可知，子装配体 {short _ wheeldown _ subassemblies} 包含两个零件 {Long _ connecting _ shaft} 和 {wheel _ down}。{wheel _ down} 与 {Long _ connecting _ shaft} 有同轴配合及面重合的配合关系，而 {Long _ connecting _ shaft} 不仅与 {wheel _ down} 有同轴配合及面重合的配合关系，还与 {cutter _ head} 有同轴配合关系，与 {frame} 有同轴配合及面重合的配合关系。组合属性特性检索匹配效率高于单属性特性检索和多属性特性检索，检索出来的信息更加全面，有利于解决复杂装配体的装配序列规划。

5.2.2　时空工程语义知识规则推理

SPARQL 作为本体检索语言，是一种三元组匹配的检索方式，其检索结果只能是本体知识中存在的信息。SPARQL 本体检索不具备任何知识推理功能，无法实现本体中隐含知识的检索。本体知识推理是建立在本体模型基础上对本体的描述进行一致性检查和获取隐含知识的过程。其中，一致性检查是确保本体中的概念、属性和实例等之间没有冲突；而对于本体中隐含知识的获取则是通过推理规则借助推理机来实现的。目前国内外常见的本体推理机包括 Jena、Racer、Jess、Pellet 等。

① Jena　Jena 是由美国惠普实验室开发的开放式 Java 语言框架工具包，它主要对 RDFS 和 OWL 语言进行推理，允许从本体信息中推断出隐含的知识和事实。另外用户可以根据自己的实际需要，自定义规则实现推理功能。Jena 的自定义规则在语法形式上借鉴了三元组和 Horn 规则的形式。每条规则是由主体和头组成的，例如：[rule1:(? a fa:part_mate_part ? b)(? b fa:part_mate_part ? a)(? a fa:part_accuracy ? b)(? a fa:part_cost ? b)->(? a fa:priority ? b)]。

② Racer　Racer 是德国 Franz 公司在 1997 年以描述逻辑作为理论基础而开发的本体推理机。它既是强大的商用本体推理机，也可以单机使用。

③ Jess　Jess 是美国 Sandia 国家实验室开发的通过 Java 语言实现的 clisp 推理机。Jess 从原则上可以处理各种领域的推理任务，它的优点在于只要用户可以提供不同的规则系统，就可以进行不同领域的推理工作，用户也可以对推理能力进行扩展。但是由于 Jess 作为通用的推理引擎，所以很难提供具体领域的优化功能，且推理效率较低。

④ Pellet　Pellet 是美国马里兰大学基于描述逻辑算法使用 Java 语言开发的针对 OWL-DL 的本体推理机。其优点在于针对本体开发和支持 SWRL 等方面体现出良好的性能。

对于大型且复杂的装配体而言，基于时空工程语义知识规则的推理可以挖掘隐含知识，提高装配序列生成效率。时空工程语义知识规则库中存放着条件规则和结论规则，是完成装配序列推理的基础。Jena推理机主要的功能是实现条件规则对结论规则的推理决策过程。时空工程语义知识规则库是按照空间规则与时间规则将重用度高、符合装配工艺规则的零部件按照一定的描述规范建立起来的规则库。在进行装配序列推理之前，将装配体实例输入到protégé3.4.4软件构建的产品时空语义知识系统中。基于产品时空语义知识系统，根据时空工程语义知识规则库中的规则采用Jena编程推理，实现子装配体及总装配体的装配序列规划。如图5-7所示为基于时空工程语义知识规则推理装配序列。

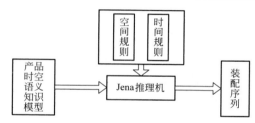

图 5-7　基于时空工程语义知识规则推理装配序列

时空工程语义知识规则库包括空间规则和时间规则。空间规则中包括装配零件属性规则、空间层次规则、空间约束规则、连接关系规则和位置关系规则，时间规则中包括装配操作的先后顺序及是否相邻发生规则，如图5-8所示。

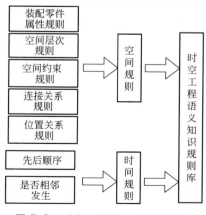

图 5-8　时空工程语义知识规则库

（1）空间规则

① 装配零件属性规则　装配零件属性是零件的属性特征信息。根据装配序列规划对装配信息的需求，将装配零件属性分为五类：精度特征信息、结构特征信息、材料特征信息、配合特征信息和体积质量特征信息。这五类信息都属于 protégé3.4.4 软件构建的产品时空语义知识系统中的零件非几何属性类。装配零件的非几何属性类信息是装配工艺人员结合长期的装配实践经验整理和总结出符合装配过程的经验性规则。

若精度特征信息中装配体中的零件装配精度高且为贵重零件，则其零件的装配优先级较低，应后装配。以｛Long＿connecting＿shaft｝和｛wheel＿down｝为例，对该装配规则，本体的推理规则描述如下。

```
[rule1:(? a fa:part_mate_part ? b)(? b fa:part_mate_part ? a)(? a fa:part_accuracy ? b)(? a fa:part_cost ? b)-> (? a fa:priority ? b)]
```

其中，零件 a 与零件 b 之间若有配合关系，且零件 a 的装配精度高于零件 b、零件 a 的经济成本高于零件 b，则可以推理出零件 a 应优先装配。推理结果如下。

```
Assembly relation between Long_connecting_shaft and wheel_down is:
Long_connecting_shaft priority wheel_down
-----------------
Assembly relation between Long_connecting_shaft and wheel_down is:
Long_connecting_shaft part_accuracy wheel_down
-----------------
Assembly relation between Long_connecting_shaft and wheel_down is:
Long_connecting_shaft part_mate_part wheel_down
-----------------
Assembly relation between Long_connecting_shaft and wheel_down is:
Long_connecting_shaft part_cost wheel_down
-----------------
```

若结构特征为对称分布的零件，则其零件的装配优先级较高，应先装配；反之，则装配优先级较低，应后装配。以｛Long＿connecting＿shaft｝和｛cutter＿head｝为例，对该装配规则，本体的推理规则描述如下。

```
[rule2:(? a fa:part_mate_part ? b)(? b fa:part_mate_part ? a)(?
a fa:part_symmetric ? b)-> (? a fa:priority ? b)]
```

其中，零件 a 与零件 b 之间若有配合关系，且零件 a 的结构特征为
对称分布的零件、零件 b 不是结构特征为对称分布的零件，则可以推理
出零件 a 应优先装配。推理结果如下。

```
Assembly relation between Long_connecting_shaft and cutter_
head is:
Long_connecting_shaft priority cutter_head
------------------

Assembly relation between Long_connecting_shaft and cutter_
head is:
Long_connecting_shaft part_mate_part cutter_head
------------------

Assembly relation between Long_connecting_shaft and cutter_
head is:
Long_connecting_shaft part_symmetric cutter_head
------------------
```

若材料特征信息为贵重件、脆性件、弹性件，则其零件的装配优先
级较低，应后装配。以｛spring｝和｛Long_bolt_rod｝为例，对该装
配规则，本体的推理规则描述如下。

```
[rule3:(? a fa:part_mate_part ? b)(? b fa:part_mate_part ? a)(?
a fa:part_brittle ? b)(? a fa:part_elastic ? b)(? a fa:part_cost ?
b)-> (? a fa:after ? b)]
```

其中，零件 a 与零件 b 之间若有配合关系，且零件 a 为脆性件、弹
性件和贵重件，则可以推理出零件 b 应优先装配，零件 a 在零件 b 装配
完成后再装配。推理结果如下。

```
Assembly relation between spring and Long_bolt_rod is:
spring after Long_bolt_rod
------------------

Assembly relation between spring and Long_bolt_rod is:
spring part_cost Long_bolt_rod
------------------

Assembly relation between spring and Long_bolt_rod is:
```

```
spring part_mate_part Long_bolt_rod
----------------
Assembly relation between spring and Long_bolt_rod is:
spring part_brittle Long_bolt_rod
----------------
Assembly relation between spring and Long_bolt_rod is:
spring part_elastic Long_bolt_rod
----------------
```

若配合特征信息、体积质量特征信息和结构特征信息中零件为过盈配合、体积大、质量大、结构不对称，则其零件的装配优先级较高，应先装配；反之，零件为间隙配合、体积小、质量小、结构对称，则其零件的装配优先级较低，应后装配。以｛frame｝和｛Long_connecting_shaft｝为例，对该装配规则，本体的推理规则描述如下。

```
[rule4:(? a fa:part_mate_part ? b)(? b fa:part_mate_part ? a)(?
a fa:part_Interference_fit ? b)(? a fa:part_size ? b)(? a fa:part_
quality ? b)(? a fa:part_dissymmetric ? b)-> (? a fa:priority ? b)]
```

其中，零件 a 与零件 b 之间若有配合关系，且零件 a 为过盈配合、体积大、质量大和结构不对称，则可以推理出零件 a 应优先装配。推理结果如下。

```
Assembly relation between frame and Long_connecting_shaft is:
frame priority Long_connecting_shaft
----------------
Assembly relation between frame and Long_connecting_shaft is:
frame part_quality Long_connecting_shaft
----------------
Assembly relation between frame and Long_connecting_shaft is:
frame part_mate_part Long_connecting_shaft
----------------
Assembly relation between frame and Long_connecting_shaft is:
frame part_dissymmetric Long_connecting_shaft
----------------
Assembly relation between frame and Long_connecting_shaft is:
frame part_Interference_fit Long_connecting_shaft
----------------
Assembly relation between frame and Long_connecting_shaft is:
frame part_size Long_connecting_shaft
----------------
```

② 空间层次规则 装配体是由零件或子装配体构成的。装配体与零件以及装配体与子装配体之间存在包含层次关系。这种层次关系反映了一定的装配优先关系，即下层下层子装配体应该在上层子装配体之前完成装配，即下层子装配体的装配优先级高于上层子装配体的装配优先级。对于同层次子装配体或零件中，配合关系最多的零件或定位零件，一般为装配基础件，应优先装配。即同层次中，若判定为基础件，则优先装配。

以子装配体〈short_wheeldown_subassemblies〉为例，对该装配规则，本体的推理规则描述如下。

a. 对于不同层次则为

```
[rule5:(? a fa:has_part ? b)-> (? a fa:after ? b)]
```

其中，零件 a 包含零件 b，因此下层的零件 b 装配优先级高于上层的零件 a，零件 b 应优先装配。推理结果如下。

```
Assembly relation between short_wheeldown_subassemblies and
Long_connecting_shaft is:
   short_wheeldown_subassemblies after Long_connecting_shaft
   ----------------
   Assembly relation between short_wheeldown_subassemblies and
Long_connecting_shaft is:
   short_wheeldown_subassemblies has_part Long_connecting_shaft
   ----------------
```

b. 对于相同层次则为

```
[rule6:(? a fa:has_part ? b)(? a fa:has_part ? c)(? b fa:has_bas-
ic_parts ? c)-> (? b fa:priority ? c)]
```

其中，零件 a 包含零件 b，零件 a 包含零件 c，零件 b 和零件 c 处于同一装配层次，且零件 b 作为基础件，因此相同层次的零件 b 装配优先级高于零件 c，零件 b 应优先装配。推理结果如下。

```
Assembly relation between Long_connecting_shaft and wheel_
down is:
   Long_connecting_shaft priority wheel_down
   ----------------
   Assembly relation between Long_connecting_shaft and wheel_
down is:
```

```
Long_connecting_shaft part_accuracy wheel_down
------------------
Assembly relation between Long_connecting_shaft and wheel_
down is:
Long_connecting_shaft has_basic_parts wheel_down
------------------
Assembly relation between Long_connecting_shaft and wheel_
down is:
Long_connecting_shaft part_mate_part wheel_down
------------------
Assembly relation between Long_connecting_shaft and wheel_
down is:
Long_connecting_shaft part_cost wheel_down
------------------
```

③ 空间约束规则　在产品装配体中，零部件间的装配约束关系是实现产品整体结构和功能的保证。约束语义用来描述实现零部件间装配约束关系。装配配合关系多的零件，在空间位置上包含空间约束多，因此对于空间约束的推理规则与装配配合关系作用相同。空间约束的装配规则：空间约束多的零件在装配顺序上应优先装配，其他附件安装在空间约束多的零件上。对该装配规则，基于产品时空语义知识系统，采用SPARQL查询中的SELECT、WHERE语句，检索查询某一个零件的空间约束关系数量，由此判断装配的优先级。

④ 连接关系规则　连接根据可拆性可分为可拆连接和不可拆连接，常见的可拆连接有螺纹连接、键连接及销（轴）连接，不可拆连接有铆接、焊接、胶结等。为了便于连接关系规则在装配序列规划中的表示和描述，将不可拆连接视为一个零件或子装配体处理（连接件）。对于螺纹连接和销连接中的连接件——螺栓、螺母和销，其装配顺序中是在被连接对象之后装配的；而对于键连接中的键，则是处于被连接对象之间装配的。对该装配规则，本体的推理规则描述如下。

a. 对于螺栓、螺母则为

```
[rule7:(? a fa:threaded_connect ? b)(? b fa:threaded_connect ?
c)(? c fa:threaded_connect ? d)-> (? b fa:priority ? c)]
```

b. 对于键则为

```
[rule8:(? a fa:key_connect ? b)(? b fa:key_connect ? c)-> (? a
fa:priority ? b)]
```

c. 对于连接件则为

```
[rule9:(? a fa:n_connect ? b)(? b fa:n_connect ? c)-> (? a fa:pri-
ority ? b)]
```

（2）时间规则

以产品时空语义知识系统的时间拓扑关系为基础，建立时间规则，表达装配操作的先后顺序及是否相邻发生。装配操作是按照规定的装配工艺或装配方法，将零件组合成装配体的过程。在装配操作的过程中，以装配操作事件作为事件对象，采用时间点和时间段来表达装配操作的先后顺序及是否相邻发生。

在装配操作事件中，若存在焊接、铆钉连接和螺纹连接，焊接的装配优先级较高，铆钉连接的装配优先级次之，螺纹连接的装配优先级较低。因此，应先焊接，再铆钉连接，后螺纹连接。若存在销连接和螺纹连接，销连接的装配优先级较高，螺纹连接的装配优先级较低。因此，应先销连接，再螺纹连接。若存在过盈配合、过渡配合和间隙配合，过盈配合的装配优先级较高，过渡配合的优先级次之，间隙配合装配优先级最低。因此，需要过盈配合零件先装配，过渡配合次之，间隙配合最后装配。

5.2.3 产品装配序列智能规划

产品 CAD 模型蕴含的装配层次关系以及几何、拓扑约束关系是进行产品装配序列规划的重要依据。因此，以时空语义知识系统为基础，基于时空语义知识检索的序列规划能力较大程度地受到知识系统存储能力的影响，从而限制它的推广与应用。装配序列规划经验知识可以弥补基于时空语义知识检索的装配序列规划方法的不足，综合运用知识库、推理机，求解出符合要求的装配序列。以产品装配模型时空工程语义信息为基础，将复杂产品装配序列规划分解为典型结构装配序列规划、非典型结构装配序列规划，借助知识检索、知识推理，可以实现时空工程语义驱动的装配序列智能规划。

（1）典型结构的装配序列智能规划

依据装配序列规划经验知识，如果组成产品的子装配体为实现特定功能的典型结构，则该子装配体装配序列规划时对应固定的装配顺序。以时空语义知识系统为基础，基于属性匹配检索典型结构语义知识，设计子装配体内部装配顺序规则、装配操作方便性知识规则，实现典型结构装配序列智能规划。

依据装配序列规划经验知识，组成复杂产品的组件或子装配体中，常见的典型结构有连接语义结构、传动语义结构两大类。其中，连接语义结构有螺栓连接、键槽连接、轴孔连接、铆钉连接、销连接、螺柱连接等；传动语义结构有带传动、链传动、齿轮传动、蜗轮蜗杆传动、凸轮传动、螺纹传动等。在连接语义结构中，螺栓连接的装配顺序为被连接件 1、被连接件 2、螺栓、垫圈、螺母，平键连接的装配顺序为轴、键、带孔件，同理可以确定其他连接语义结构的装配顺序。在传动语义结构中，带传动连接的装配顺序为带轮 1、带轮 2、传送带，同理可以确定其他传动语义结构的装配顺序。

在产品时空语义知识系统中，典型结构通常表达为子装配体类 assembly 的一个实例，通过检索子装配体类 assembly 的属性 assembly_structure_connection 或 assembly_structure_transmission，获得该子装配体的连接语义结构属性值或传动语义结构属性值：which is an instance of class connection_structure。

以连接语义结构中的螺栓连接为例，典型结构装配序列智能规划的步骤如下。

步骤 1：检索螺栓连接的层次语义属性 has_part，获得螺栓连接结构包含的零件。

步骤 2：检索零件的类型属性 part_type_property，获得零件的类型为连接件、螺栓、垫片、螺母。

步骤 3：如果零件类型为连接件，检索零件的大小、易碎性、质量、上下、对称性、弹性、材料、价值等与装配序列智能规划有关的非几何属性 part_size、part_brittle、part_quality、part_position、part_symmetric、part_elastic、part_material、part_cost、part_direction。

步骤 4：设计装配操作方便性规则，推理出两个连接件的装配顺序，则螺栓连接的装配顺序为连接件 1 和连接件 2→螺栓→垫圈→螺母。

依据装配操作方便性知识，设计装配操作方便性规则。装配操作方便性知识主要包含体积大、质量大、结构不对称、过盈配合零件，其零件的装配优先级较高，应先装配；反之体积小、质量小、结构对称、间隙配合零件，其零件的装配优先级较低，应后装配。

（2）非典型结构的装配序列智能规划

在复杂产品的组件或子装配体中，不属于常见典型结构的组件或子装配体，认为是非典型结构。如果组成产品的子装配体为非典型结构，其装配序列规划没有固定的装配顺序。基于属性匹配检索装配序列规划经验知识有关的物理属性信息、层次语义信息、约束语义信息，设计装配基础件判定规则、装配几何约束规则、零件装配精度保证性规则、状态稳定性规则、操作方便性规则、属性确定性规则，实现非典型结构的装配序列智能规划。

装配基础件的判定方法为：首先，检索零件类型属性，如果为底座、箱体、轴，则该零件为装配基础件；其次，检索零件的层次属性、同层次零件空间约束关系的数量，约束关系最多的零件为装配基础件；然后，检索零件的层次属性、同层次零件的定位属性，定位零件为装配基础件；最后，检索零件的体积、质量属性，体积大、质量大的为装配基础件。

零件按照几何特征间满足一定的装配约束关系组装成组件或子装配体。装配几何约束语义知识包括：零件约束语义的配合属性——零件配合、特征配合、几何配合，层次属性——零件的成形特征、装配特征、成形几何、装配几何，约束关系属性——位置约束关系、尺寸约束关系。零件间存在装配几何约束关系，在装配序列规划中零件的装配顺序是相邻的。

为保证装配精度，检索零件的定位基准的数量、装配精度属性，如果零件定位基准数量多且装配精度高，应先装配。为保证装配状态稳定性，检索零件空间约束关系的数量、零件类型属性，如果零件空间约束关系数量多，且与上次装配零件类型属性相同，应先装配。为保证装配属性确定性，检索零件的贵重、易碎、弹性属性，如果是贵重、易碎、弹性件，应后装配。

采用5.2.2节中同样的方式，设计装配基础件判定规则、装配几何约束规则、零件装配精度保证性规则、状态稳定性规则、操作方便性规则、属性确定性规则。

（3）产品装配序列规划

组合典型结构与非典型结构的装配序列，设计子装配体间装配顺序规则、装配精度保证性规则、状态稳定性规则，生成可行的装配序列。针对不同的典型结构的装配序列，检索典型结构的类型，如果为销连接、螺纹连接，应先销连接，再螺纹连接；检索装配操作类型、典型结构的类型，如果装配操作为焊接，典型结构为铆钉连接、螺纹连接，应先焊接，再铆钉连接，后螺纹连接；检索典型结构的类型，如果为轴孔连接，继续检索轴的转速属性，如果为高速轴孔连接，应先装配，保证装配精度。检索典型结构与非典型结构子装配体的层次属性、同层次子装配体的空间约束属性，约束关系最多的子装配体应先装配，保证装配状态的稳定性。采用 5.2.2 节中同样的方式，设计子装配体间装配顺序规则、装配精度保证性规则、状态稳定性规则。

5.3　装配规划的评价及筛选

通过时空工程语义知识检索与规则推理得到装配序列集合中可行的装配序列子集，缩小了装配序列求解空间，提高了装配序列规划的效率，但是对于装配序列集合往往出现了不止一条既满足几何可行性又符合实际装配过程要求的装配序列。如何在这些可行的装配序列子集中筛选评价出最佳方案是装配序列规划的一个重要内容。

依据时空工程语义知识规则库中连接关系规则，对于螺纹连接中的连接件——螺栓和螺母，其装配顺序中应在被连接件之后装配。可知，电梯层门闭锁装置划分后的子装配体 1（被连接件）、子装配体 2（螺纹连接）、子装配体 3（螺纹连接），其合理的装配序列子装配体 1 应在子装配体 2 和子装配体 3 之前装配，因此在此原则下，选取 {5-6-4-1-2-3-7}、{5-6-7-4-1-2-3}、{5-6-7-1-2-3-4} 三组具有代表性的装配序列，应用模糊综合评价方法，筛选出最佳装配序列。模糊综合评价首先需要选择出因素集，建立权重集，然后建立评价指标集，作出单因素评价及模糊综合评价，最后对评价结果进行分析。

5.3.1　评价指标

在实际的装配过程中影响装配序列规划的因素众多，根据模糊综合评价方法评价装配序列优劣时，主要从拆卸后保持稳定程度、装配过程中需要更换工具的次数、时间（包括装配过程时间和辅助时间）、难度（单个零件设计特征对装配难度的关联程度）四个因素对装配序列进行评价，因素集可表示为

$$U = \{u_1, u_2, u_3, u_4\} \tag{5-1}$$

式中　u_1——稳定性；

　　　u_2——装配工具的更换次数；

　　　u_3——装配时间；

u_4——装配操作难度。

实际的装配过程中各个因素对装配序列评价影响的差异性很大，因此对各个元素的重要程度设定不同的权重 a_i，其中 a_i 满足：

$$\sum_{i=1}^{n} a_i = 1; \quad a_i \geqslant 0 \tag{5-2}$$

权重组成的集合通过权重向量 $\boldsymbol{A} = (a_1, a_2, a_3, \cdots, a_n)$ 表示。采用因素成对比较法确定每个因素的权重，将四个因素按重要程度排序为 $u_4 \rightarrow u_3 \rightarrow u_1 \rightarrow u_2$。将装配操作难度低设为最重要的因素，$\overline{u}_4 = 1$，假设装配时间短的重要程度是装配操作难度低的 90%（即 $u_{34} = 0.9$），则 $\overline{u}_3 = 1 \times u_{34} = 0.9$；同理可得，稳定性好是装配时间短的 60%，则 $\overline{u}_1 = 0.54$；装配工具的更换次数少是稳定性好的 70%，则 $\overline{u}_2 = 0.378$。

稳定性好的权重为

$$a_1 = \frac{\overline{u}_1}{\sum_{i=1}^{4} \overline{u}_i} = \frac{0.54}{1 + 0.9 + 0.54 + 0.378} = 0.192 \tag{5-3}$$

装配工具的更换次数少的权重为 $a_2 = 0.134$，装配时间短的权重为 $a_3 = 0.319$，装配操作难度低的权重为 $a_4 = 0.355$，则有

$$\boldsymbol{A} = (0.192, 0.134, 0.319, 0.355)$$

评价集是评价者对评价对象所作的评价构成结果的集合，评价集 $V = \{v_1, v_2, v_3, v_4, v_5\} = \{合适，较合适，一般，较差，差\}$。评价集等级分值为 $V = \{95, 85, 65, 55, 45\}$。

5.3.2　单因素评价

单因素评价是指让装配领域的专家对因素集 U 中的单个因素进行评价，以确定装配序列对评价集中各个元素的隶属程度。表 5-1 为山东某电梯公司 10 位装配工艺人员中一位对三种装配序列的评判结果。

表 5-1　三种装配序列的评判结果

装配序列	a	b	c
稳定性	一般	合适	较合适
装配工具的更换次数	一般	较合适	一般
装配时间	较合适	一般	一般
装配操作难度	一般	较合适	较合适

采用统计方式对装配序列 a、b、c 计算单因素评价结果。以装配序

列 b 为例，若统计的 10 次中，装配稳定性评价结果为 v_2 "较合适" 次数为 3，则 $r_{12}=0.3$，其中 r_{12} 表示为对于稳定性 u_1，有 30% 的人认为是 "较合适"。以此类推，得到装配序列 a、b、c 的各因素评价矩阵为

$$\boldsymbol{R}_a = \begin{bmatrix} 0.1 & 0.2 & 0.5 & 0.1 & 0.1 \\ 0.1 & 0.1 & 0.7 & 0.1 & 0 \\ 0.2 & 0.4 & 0.3 & 0.1 & 0 \\ 0.1 & 0.2 & 0.4 & 0.2 & 0.1 \end{bmatrix} \tag{5-4}$$

$$\boldsymbol{R}_b = \begin{bmatrix} 0.3 & 0.3 & 0.2 & 0.1 & 0.1 \\ 0.2 & 0.4 & 0.2 & 0.1 & 0.1 \\ 0 & 0.1 & 0.6 & 0.2 & 0.1 \\ 0.2 & 0.4 & 0.3 & 0.1 & 0 \end{bmatrix} \tag{5-5}$$

$$\boldsymbol{R}_c = \begin{bmatrix} 0.3 & 0.4 & 0.2 & 0.1 & 0 \\ 0 & 0.3 & 0.5 & 0.2 & 0 \\ 0.1 & 0.3 & 0.6 & 0 & 0 \\ 0.2 & 0.4 & 0.2 & 0.2 & 0 \end{bmatrix} \tag{5-6}$$

5.3.3 模糊综合评价

将权重集 $\underset{\sim}{A}$ 和单因素评价矩阵 $\boldsymbol{R}_a$、$\boldsymbol{R}_b$、$\boldsymbol{R}_c$ 分别做矩阵合成运算：

$$B_a = \underset{\sim}{A} \circ \boldsymbol{R}_a = \begin{bmatrix} 0.192 & 0.134 & 0.319 & 0.355 \end{bmatrix} \begin{bmatrix} 0.1 & 0.2 & 0.5 & 0.1 & 0.1 \\ 0.1 & 0.1 & 0.7 & 0.1 & 0 \\ 0.2 & 0.4 & 0.3 & 0.1 & 0 \\ 0.1 & 0.2 & 0.4 & 0.2 & 0.1 \end{bmatrix}$$

$$= (0.2, 0.319, 0.355, 0.2, 0.1) \tag{5-7}$$

$$B_b = \underset{\sim}{A} \circ \boldsymbol{R}_b = \begin{bmatrix} 0.192 & 0.134 & 0.319 & 0.355 \end{bmatrix} \begin{bmatrix} 0.3 & 0.3 & 0.2 & 0.1 & 0.1 \\ 0.2 & 0.4 & 0.2 & 0.1 & 0.1 \\ 0 & 0.1 & 0.6 & 0.2 & 0.1 \\ 0.2 & 0.4 & 0.3 & 0.1 & 0 \end{bmatrix}$$

$$= (0.192, 0.355, 0.319, 0.2, 0.1) \tag{5-8}$$

$$B_c = A \circ \underset{\sim}{R_c} = \begin{bmatrix} 0.192 & 0.134 & 0.319 & 0.355 \end{bmatrix} \begin{bmatrix} 0.3 & 0.4 & 0.2 & 0.1 & 0 \\ 0 & 0.3 & 0.5 & 0.2 & 0 \\ 0.1 & 0.3 & 0.6 & 0 & 0 \\ 0.2 & 0.4 & 0.2 & 0.2 & 0 \end{bmatrix}$$

$$= (0.2, \ 0.355, \ 0.319, \ 0.2, \ 0)$$

(5-9)

采用加权平均法计算综合评价值,其中综合评价值越高,表明该装配序列相对越优。计算结果为

$$V_a = \frac{0.2 \times 95 + 0.319 \times 85 + 0.355 \times 65 + 0.2 \times 55 + 0.1 \times 45}{0.2 + 0.319 + 0.355 + 0.2 + 0.1} = 72.14$$

(5-10)

同理,$V_b = 72.60$,$V_c = 75.34$。由装配序列 $V_c > V_b > V_a$ 可知,装配序列 c 作为最优序列。

5.4 直线电动机装配规划

5.4.1 直线电动机知识系统

以直线电动机为例,图 5-9 为直线电动机实物,图 5-10 为直线电动机的三维 CAD 模型。

图 5-9　直线电动机实物

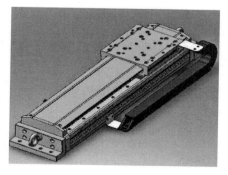

图 5-10　直线电动机的三维 CAD 模型

将 protégé3.4.4 软件建立的直线电动机产品时空语义知识系统,存

储为 owl 格式的文件（图 5-11），为装配序列智能规划中知识检索、规则推理的装配序列智能规划奠定基础。

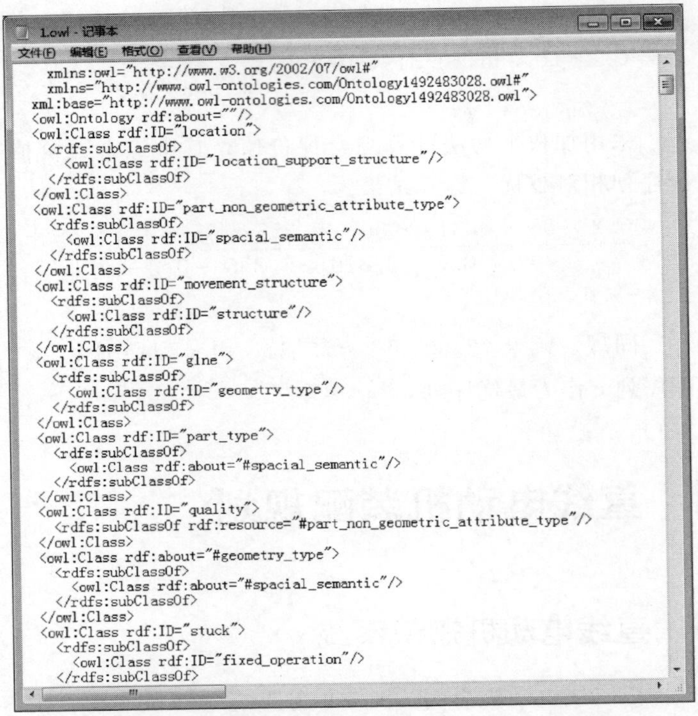


```
  xmlns:owl="http://www.w3.org/2002/07/owl#"
  xmlns="http://www.owl-ontologies.com/Ontology1492483028.owl#"
xml:base="http://www.owl-ontologies.com/Ontology1492483028.owl">
<owl:Ontology rdf:about=""/>
<owl:Class rdf:ID="location">
  <rdfs:subClassOf>
    <owl:Class rdf:ID="location_support_structure"/>
  </rdfs:subClassOf>
</owl:Class>
<owl:Class rdf:ID="part_non_geometric_attribute_type">
  <rdfs:subClassOf>
    <owl:Class rdf:ID="spacial_semantic"/>
  </rdfs:subClassOf>
</owl:Class>
<owl:Class rdf:ID="movement_structure">
  <rdfs:subClassOf>
    <owl:Class rdf:ID="structure"/>
  </rdfs:subClassOf>
</owl:Class>
<owl:Class rdf:ID="glne">
  <rdfs:subClassOf>
    <owl:Class rdf:ID="geometry_type"/>
  </rdfs:subClassOf>
</owl:Class>
<owl:Class rdf:ID="part_type">
  <rdfs:subClassOf>
    <owl:Class rdf:about="#spacial_semantic"/>
  </rdfs:subClassOf>
</owl:Class>
<owl:Class rdf:ID="quality">
  <rdfs:subClassOf rdf:resource="#part_non_geometric_attribute_type"/>
</owl:Class>
<owl:Class rdf:about="#geometry_type">
  <rdfs:subClassOf>
    <owl:Class rdf:about="#spacial_semantic"/>
  </rdfs:subClassOf>
</owl:Class>
<owl:Class rdf:ID="stuck">
  <rdfs:subClassOf>
    <owl:Class rdf:ID="fixed_operation"/>
  </rdfs:subClassOf>
```

图 5-11 直线电动机产品时空语义知识系统的 owl 文件

采用模糊聚类分析中的最大树法进行子装配体的划分将直线电动机分为 5 个子装配体，即 One _ terminal _ sub；{Collision _ block、End _ plate、Mounting _ plate、Suspension _ loop}，Sliding _ table _ sub；{sliding _ table、slide _ plate、Linear _ electric _ maneuver}，Side _ sab；{Connec _ plate、Drag _ chain、Connec _ plate-1}，Slide _ block _ sub；{Linear _ slide _ block、Linear _ guide、Magnetic _ plate、Module _ base}，Two _ terminal _ sub；{Collision _ block-1、End _ plate-1、Suspension _ loop-1}，如图 5-12 所示。

基于 SolidWorks API 对象访问，提取直线电动机的时空语义知识，部分结果如图 5-13 和图 5-14 所示。

以直线电动机时空语义知识系统为基础，分析空间语义、空间对象、时间语义和时间对象之间的关系，采用单属性特性检索匹配、多属性特性检索匹配和组合属性特性检索匹配的方法实现本体语义实例检索，设计装配序列规划经验规则，采用 Jena 推理，实现子装配体及总装配体的装配序列规划。

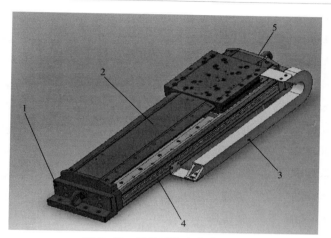

图 5-12 划分后的直线电动机

1—One_terminal_sub; 2—Sliding_table_sbu; 3—Slide_sub;
4—Slide_block_sub; 5—Two_terminal_sub

该装配体零件和子装配体名称及层次
DDL136-530-320-MX
two_terminal_sub/Collision_block-1
two_terminal_sub/End_plate-1
two_terminal_sub/Mounting_plate-1
two_terminal_sub/Suspension_loop-1
Side_sub/Connec_plate
Side_sub/Drag_chain
Side_sub/Drag_chain-1
Slide_block_sub/Linear_slide_block
Slide_block_sub/Linear_guide
Slide_block_sub/Magnetic_plate
Slide_block_sub/Module_base
Sliding_table_sub/Sliding_table
Sliding_table_sub/Slide_plate
Sliding_table_sub/Linear_electric_maneuver
one_terminal_sub/Collision_block
one_terminal_sub/End_plate
one_terminal_sub/Mounting_plate
one_terminal_sub/Suspension_loop

图 5-13 装配体层次信息提取

配合特征	配合零件1	配合零件2	两零件的配合参考特征
重合配合:	Sliding_table	Sliding_table	配合特征为-面
距离配合:	Sliding_table	Sliding_table	配合特征为-参考轴
重合配合:	Sliding_table	Linear_electric_maneuver	配合特征为-参考轴
重合配合:	Linear_slide_block	Linear_guide	配合特征为-参考轴
重合配合:	Linear_slide_block	Sliding_table	配合特征为-面
重合配合:	Linear_guide	Module_base	配合特征为-参考轴
重合配合:	Magnetic_plate	Module_base	配合特征为-参考轴
重合配合:	Collision_block	End_plate	配合特征为-面
重合配合:	End_plate	Mounting_plate	配合特征为-参考轴
重合配合:	Mounting_plate	Suspension_loop	配合特征为-面
重合配合:	Magnetic_ stripe	Module_base	配合特征为-参考轴
重合配合:	Drag_chain	Module_base	配合特征为-面

图 5-14 配合线面特征和配合关系的提取

5.4.2 子装配体装配序列规划

装配体是由若干子装配体和零件组成的，因此装配序列规划时应首先确定该装配体的组成；然后分别对子装配体进行装配序列规划，将规划完成后的子装配体进行总装，实现装配体的装配序列规划。基于知识的装配序列推理界面如图 5-15 所示。查询直线电动机包含的子装配体程序如下所示。

```
PREFIX cui:< http://www.owl-ontologies.com/Ontology1492483028.owl# >
select *
where
{cui:DDL136-530-320-MX  cui:has_assembly  ? assembly.}
```

查询的结果如图 5-16 所示，包含的子装配体为 {Slide _ block _ sub}、{Side _ sub}、{Two _ terminal _ sub}、{Sliding _ table _ sub} 和 {One _ terminal _ sub}。

图 5-15　基于知识的装配序列推理界面

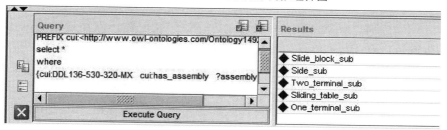

图 5-16　查询直线电动机包含的子装配体

查询子装配体〔Side＿sub〕包含的零件程序如下所示。

```
PREFIX cui:< http://www.owl-ontologies.com/Ontology1492483028.owl# >
select *
where
{cui:Side_sub cui:has_part  ? part. }
```

查询的结果如图 5-17 所示，子装配体〔Side＿sub〕包含的零件为
〔Drag＿chain〕、〔Connec＿plate〕和〔Connec＿plate＿1〕。

同理可得：子装配体〔One＿terminal＿sub〕包含的零件为〔Colli-
sion＿block〕、〔End＿plate〕、〔Mounting＿plate〕、〔Suspension＿loop〕，
子装配体〔Slide＿block＿sub〕包含的零件为〔Linear＿slide＿block〕、
〔Linear＿guide〕、〔Magnetic＿plate〕和〔Module＿base〕，子装配体

{Sliding_table_sub} 包含的零件为 {Sliding_table}、{Slide_plate}、{Linear_electric_maneuver}，子装配体 {Two_terminal_sub} 包含的零件为 {Collision_block-1}、{End_plate-1}、{Mounting_plate-1} 和 {Suspension_loop-1}。

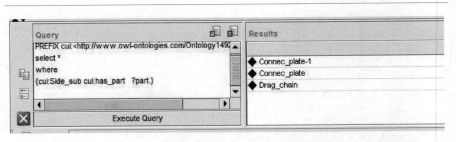

图 5-17　查询直线电动机包含的子装配体

① 子装配体 {One_terminal_sub} 的装配序列规划　即判断子装配体中零件 {Collision_block}、{End_plate}、{Mounting_plate}、{Suspension_loop} 装配序列。

依据时空工程语义知识规则库，该子装配体装配序列规划采用的规则为：对于装配零件属性规则，若体积质量特征信息中体积大、质量大，其零件的装配优先级较高，应先装配；若材料特征信息为贵重件、脆性件、弹性件，其零件的装配优先级较低，应后装配。对于空间约束的装配规则，若空间约束多的零件装配顺序上应优先装配，其他附件安装在空间约束多的零件上。实施步骤如下。

a. 首先，基于产品时空语义知识系统，采用 SPARQL 查询中的 SELECT、WHERE 语句，检索查询零件的空间约束关系数量，由此判断装配的优先级。查询该子装配体的四个零件空间约束关系数量的检索方式如下。

```
PREFIX cui:< http://www.owl-ontologies.com/Ontology1492483028.owl# >
select *
where
{cui:End_plate  cui:part_contactnum  ? part.}
PREFIX cui:< http://www.owl-ontologies.com/Ontology1492483028.owl# >
select *
where
{cui:Collision_block  cui:part_contactnum  ? part.}
PREFIX cui:< http://www.owl-ontologies.com/Ontology1492483028.owl# >
```

```
select *
where
{cui:Mounting_plate   cui:part_contactnum  ? part.}
PREFIX cui:< http://www.owl-ontologies.com/Ontology1492483028.owl# >
select *
where
{cui:Suspension_loop  cui:part_contactnum  ? part.}
```

检索结果为：contact _ 4 _ 6、contact _ 0 _ 2、contact _ 2 _ 4、contact _ 0 _ 2。

通过对比四个零件空间约束关系数量可知，在该子装配体中〔End _ plate〕为基础件，应优先装配。其他零件应在其后进行装配。其中零件〔Mounting _ plate〕空间约束关系数量为第二，因此有可能第二个装配。因此，已知〔End _ plate〕为基础件的前提下，对该子装配体剩下的零部件进行装配序列规划。检索出子装配体中只有〔Mounting _ plate〕和〔Collision _ block〕与基础件有配合关系，基础件与〔Suspension _ loop〕没有任何配合关系，可知〔Suspension _ loop〕应最后装配；此外〔Suspension _ loop〕仅仅与〔Mounting _ plate〕有配合关系，可知〔Mounting _ plate〕先于〔Suspension _ loop〕装配且两者相邻。

b. 然后，基于检索结果分析，设计装配序列规划经验规则，采用Jena推理对〔End _ plate〕和剩下三个零件单独继续进行推理，判断装配优先级。

推理规则为：

```
[rule1:(? a fa:part_mate_part ? b)(? a fa:part_size ? b)(? a fa:
part_quality ? b)-> (? a fa:priority  ? b)]
```

推理结果为：

```
Assembly relation between End_plate and Mounting_plate is:
End_plate priority Mounting_plate
Assembly relation between End_plate and Collision_block is:
End_plate priority Collision_block
```

注：〔End _ plate〕优先级大于〔Mounting _ plate〕和〔Collision _ block〕，应先装配。

其中零件〔Collision _ block〕属于弹性件，对〔Mounting _ plate〕和〔Collision _ block〕进行推理，推理规则描述如下。

```
[rule2:(? a fa:part_mate_part ? b)(? b fa:part_mate_part ? a)(?
a fa:part_brittle ? b)(? a fa:part_elastic ? b)(? a fa:part_cost ?
b)-> (? a fa:after ? b)]
```

推理结果为：

```
Assembly relation between Mounting _ plate and Collision _
block is:
    Mounting_plate priority Collision_block
```

因此子装配体｛One _ terminal _ sub｝的装配序列为：｛End_plate｝→
｛Mounting_plate｝→｛Suspension_loop｝→｛Collision_block｝，装配流程如
图 5-18 所示。

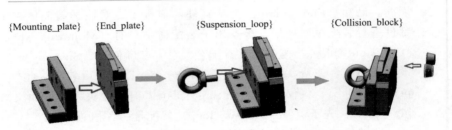

图 5-18　子装配体{One_terminal_sub}装配流程图

② 子装配体 ｛Two _ terminal _ sub｝ 的装配序列规划　同理可得子
装配体 ｛Two _ terminal _ sub｝ 的装配序列为：｛End _ plate-1｝ →
｛Mounting_plate-1｝→｛Suspension_loop-1｝→｛Collision_block-1｝。

③ 子装配体 ｛Slide _ block _ sub｝ 的装配序列规划　即判断子装配
体中零件 ｛Linear _ slide _ block｝、 ｛Linear _ guide｝、 ｛Magnetic _
plate｝、｛Module _ base｝ 的装配序列。

该子装配体装配序列规划采用的规则为：对于装配零件属性规则，
若体积质量特征信息中体积大、质量大，其零件的装配优先级较高，应
先装配，实施步骤如下。

a. 首先，对 ｛Module _ base｝ 和其他三个零件进行推理，判断优先
级，推理规则为：

```
[rule1:(? a fa:part_mate_part ? b)(? a fa:part_size ? b)(? a fa:
part_quality ? b)-> (? a fa:priority  ? b)]
```

推理结果为：

```
    Assembly relation between Module _ base and Linear _ slide _
block is:
    Module_base priority Linear_slide_block
```

同理可得，｛Module _ base｝的优先级也大于｛Linear _ guide｝和｛Magnetic _ plate｝。

通过对该零件的配合关系数量进行多属性特性检索可知，该零件在整个装配体中质量最大、配合关系数量最多且定位基准最多。因此，该零件｛Module _ base｝为装配基础件，应最先装配。

b. 对剩余三个零件进行单属性特性检索可知，｛Magnetic _ plate｝配合关系单一，只与基础件｛Module _ base｝有配合关系，而｛Linear _ guide｝只与基础件｛Module _ base｝和｛Linear _ slide _ block｝有配合关系，可知零件｛Linear _ guide｝处于基础件｛Module _ base｝和｛Linear _ slide _ block｝之间的连接位置，优先级低于基础件｛Module _ base｝，但是优先级高于零件｛Linear _ slide _ block｝。因此，子装配体｛Slide _ block _ sub｝的装配序列为：｛Module _ base｝→｛Magnetic _ plate｝→｛Linear _ guide｝→｛Linear _ slide _ block｝，装配流程如图 5-19 所示。

图 5-19   子装配体{Slide_block_sub}装配流程图

④ 子装配体｛Sliding _ table _ sub｝的装配序列规划   即判断子装配体中零件｛Sliding _ table｝、｛Slide _ plate｝、｛Linear _ electric _ maneuver｝的装配序列。

首先，检索查询子装配体中零件的空间约束关系数量，由此判断装配的优先级。｛Sliding _ table｝配合关系数量最多，因此可知｛Sliding _ table｝为装配基础件，应最先装配。

对于｛Slide _ plate｝和｛Linear _ electric _ maneuver｝，通过单属性特征检索该两个零件的配合关系可知，｛Slide _ plate｝仅仅与｛Sliding _ table｝存在配合关系，｛Linear _ electric _ maneuver｝也仅仅与｛Sliding _ table} 存在配合关系，且 {Slide _ plate} 和 {Linear _ electric _ maneu-ver} 不存在任何配合关系，可知这两个零件相互独立且不互相干扰。因此，子装配体 {Sliding _ table _ sub} 的装配序列为：{Sliding_ta-ble}→{Slide_plate}→{Linear_electric_maneuver}，装配流程如图 5-20 所示。

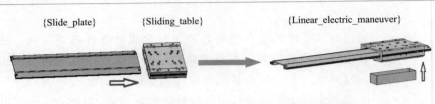

图 5-20　子装配体{Sliding_table_sub}装配流程图

⑤ 子装配体 {Side _ sub} 的装配序列规划　空间规则中的体积质量特征信息和结构特征信息推理出零件 {Drag _ chain} 应首先装配。通过对零件 {Connec _ plate} 和零件 {Connec _ plate _ 1} 单属性特性检索配合相关的零件可知，这两个零件仅仅与零件 {Drag _ chain} 和基础件 {Module _ base} 存在配合关系，因此 {Connec _ plate} 和零件 {Con-nec _ plate _ 1} 起到连接作用，装配顺序可相互调整。

因此，子装配体 {Side _ sub} 的装配序列为：{Drag_chain}→{Con-nec_plate}→{Connec_plate_1} 或 {Drag_chain}→{Connec_plate_1}→{Connec_plate}，装配流程如图 5-21 所示。

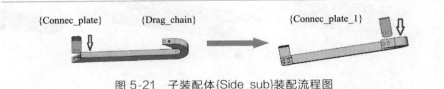

图 5-21　子装配体{Side_sub}装配流程图

5.4.3　直线电动机装配序列规划

直线电动机子装配体的序列规划完成后，需要对总装配体进行装配序列规划。由于子装配体是由零件构成的，零件适用的规则同样适用于子装配体。因此，以时空工程语义知识规则库中零件属性规则、空间约束规则、连接关系规则为基础，采用时空工程语义知识检索配合关系的方式，实现装配序列生成。

首先，根据空间规则中零件属性规则的结构特征信息（对称分布的零件）、体积质量特征信息（体积大、质量大）以及空间约束规则中对于同层次子装配体或零件（空间约束多），检索推理确定：子装配体｛Slide _ block _ sub｝为整个装配体的基础件，应在整个装配体中优先装配。

检索子装配体｛Side _ sub｝可知，仅仅与子装配体｛Slide _ block _ sub｝和子装配体｛Sliding _ table _ sub｝存在配合关系，因此子装配体｛Side _ sub｝的装配顺序并不影响其他子装配体装配；此外由于｛Sliding _ table _ sub｝也与子装配体｛Slide _ block _ sub｝存在配合关系，因此子装配体｛Side _ sub｝应起到连接的作用。根据连接关系规则［rule9：（? a fa：n _ connect ? b)（? b fa：n _ connect ? c) -＞（? a fa：priority ? b)］可知，｛Sliding _ table _ sub｝优先于子装配体｛Side _ sub｝装配。子装配体｛One _ terminal _ sub｝和子装配体｛Two _ terminal _ sub｝都与子装配体｛Slide _ block _ sub｝和子装配体｛Sliding _ table _ sub｝存在配合关系且配合类型都为面与面配合，子装配体｛Sliding _ table _ sub｝也起到连接的作用。因此，子装配体｛One _ terminal _ sub｝或子装配体｛Two _ terminal _ sub｝优先于子装配体｛Sliding _ table _ sub｝装配。

总结可得，子装配体｛Slide _ block _ sub｝最先装配，｛Sliding _ table _ sub｝优先于子装配体｛Side _ sub｝装配，子装配体｛One _ terminal _ sub｝或子装配体｛Two _ terminal _ sub｝优先于子装配体｛Sliding _ table _ sub｝装配。应用模糊综合评价方法，筛选出最佳装配序列全集为：｛Slide _ block _ sub｝→｛One _ terminal _ sub｝→｛Sliding _ table _ sub｝→｛Two _ terminal _ sub｝→｛Side _ sub｝或｛Slide _ block _ sub｝→｛Two _ terminal _ sub｝→｛Sliding _ table _ sub｝→｛One _ terminal _ sub｝→｛Side _ sub｝，装配流程如图 5-22 所示。

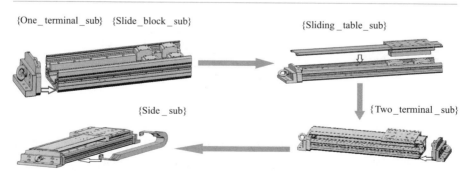

图 5-22 直线电动机装配流程图

5.5 基于 DELMIA 的直线电动机装配序列规划仿真

DELMIA 软件是法国达索公司开发的基于物理的数字化设计与制造的"数字化工厂"仿真平台,已经应用到汽车、飞机等制造行业。采用 DELMIA 软件对产品的装配过程进行仿真,分析和验证直线电动机装配序列的可行性。

基于 DELMIA 的装配序列规划流程如图 5-23 所示。首先,将产品的三维实体模型导入 DELMIA 的产品目录,获得产品数据;配置装配操作需要的资源数据(安装平台、内六角扳手、千分表、塞尺、直线规),实现装配生产线布局规划。装配生产线布局规划是装配序列规划的基础。其次,分析影响装配过程效率的关键环节,进行装配序列规划的仿真。最后,通过装配过程仿真发现存在的问题并进行修改,生成装配仿真视频,指导员工进行装配。

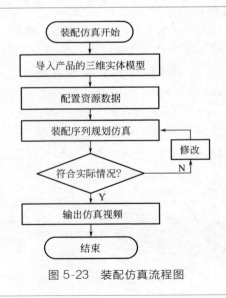

图 5-23 装配仿真流程图

直线电动机的装配序列规划仿真时,首先将各个零件装配成子装配体,然后将子装配体进行总装,实现直线电动机的装配序列规划。通过面向装配过程分析的 DPM 和面向人机分析的 Human 模块,得出基于时空工程语义知识检索和规则推理生成的装配序列可以满足实际装配工艺要求。直线电动机的装配仿真过程如图 5-24～图 5-26 所示。

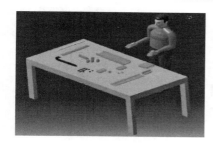

图 5-24　导入模型及配置资源

图 5-25　子装配体装配

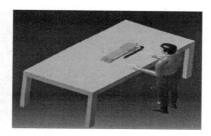

图 5-26　直线电动机装配完成

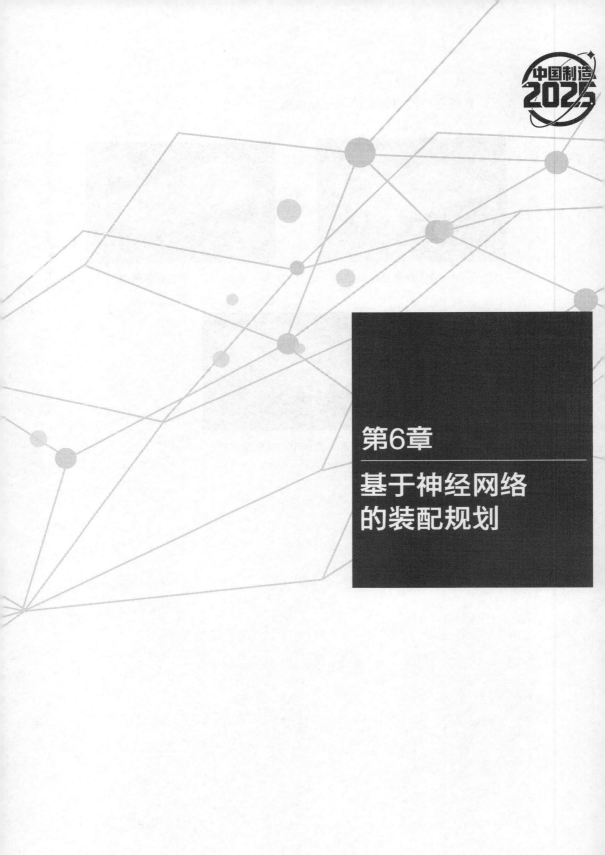

第6章

基于神经网络
的装配规划

　　装配序列规划是在保证产品装配体各零件间物理约束的前提下，寻求最优装配序列。人工智能领域智能优化算法具有很好的搜索及优化能力，成为装配规划问题求解的一种重要方法。神经网络是人工智能领域智能优化算法中一个非常重要的技术。Wen-Chin Chen、张晶等将神经网络应用于装配序列规划，通过建立零件连接以及零件特征数、质量、体积等描述的装配模型，设计神经网络的参数，实现智能装配序列规划。

6.1 面向装配规划的装配模型

　　装配关系连接矩阵表示两个零件之间是否存在接触连接或稳定连接，经常用于描述产品装配中的装配连接关系。对于一个由 n 个零件组成的装配体，其连接矩阵 C 为

$$C = C_{ij} \tag{6-1}$$

式中，C_{ij} 表示零件 i 与零件 j 间的连接关系，如下式：

$$C_{ij} = \begin{cases} 0 & \text{零件 } i \text{ 与零件 } j \text{ 不存在接触连接} \\ 1 & \text{零件 } i \text{ 与零件 } j \text{ 存在一般接触连接} \\ 2 & \text{零件 } i \text{ 与零件 } j \text{ 存在接触连接，且为稳定连接} \end{cases}$$

式中，接触连接是指零件之间的贴合、轴孔之间的间隙配合等没有外部施加力的连接方式，稳定连接是指零件间通过螺纹连接、过盈配合、焊接、铆接等稳定的紧固连接方式。连接矩阵 C 为对称矩阵，即 $C_{ij} = C_{ji}$。

　　与装配关系连接矩阵相比，装配连接图更加直观、方便。装配连接图是有向图，图中节点表示装配体中的零件，有向弧表示零件间的连接或配合情况。如果零件 P_i 在方向 k 上和零件 P_j 存在连接或配合关系，则在 k 方向的连接图中，连接零件 P_i 和零件 P_j 的有向弧将由 P_i 指向 P_j，如图 6-1 所示。

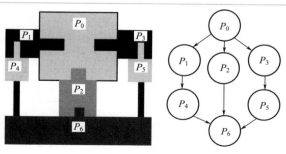

图 6-1 装配关系图

依据装配先验知识，对于事实型知识中同层次装配对象中接触关系最多的零件，一般为装配基础件。在经验型知识中，具有装配关系较多的零件应先装配。为此采用式（6-2）定义装配联系值来描述装配接触关系的多少，即

$$AI_i = \sum_{j=1}^{n} C_{ij} \tag{6-2}$$

式中　AI_i——零件 i 的装配联系值；

　　　C_{ij}——装配关系连接矩阵的元素；

　　　j——装配关系连接矩阵的列数。

对装配关系连接矩阵 C 按行求和即可得到所有零件的装配联系值。

依据装配先验知识，在事实型知识中同层次装配对象中定位零件，一般为装配基础件；在经验型知识中，具有定位基准多的零件应先装配。考虑到定位基准多的零件，一般零件特征数目也较多，为此采用零件特征数来描述零件的定位基准属性。

依据装配先验知识，在事实型知识中体积大、质量大的零件，一般为装配基础件。在经验型知识中，体积大、质量大的零件应先装配。为此采用零件质量、零件体积属性来描述零件物理属性。

装配连接惩罚矩阵用于描述装配难度级别，采用式（6-3）定义装配连接惩罚矩阵：

$$\boldsymbol{P}_{ij} = \sum_{k=1}^{m} w_k \times p_{ijk} \tag{6-3}$$

式中　m——需要考虑的独立因素的个数；

　　　w_k——k 因素在所有因素中占有的权重；

　　　p_{ijk}——在因素 k 下零件 i 与零件 j 间的惩罚指数（表 6-1 给出了惩罚指数的定义）。

表 6-1　惩罚指数表

装配难度级别	惩罚指数	说明
1	0	零部件没有接触
2	1～3	简单，直接操作
3	4～6	有点困难，需要小心操作，工具变换频繁
4	7～9	非常困难，零部件易损，工具变换频繁

依据装配先验知识，经验型知识中易损坏的零部件应后装配。为此采用式（6-4）定义装配惩罚值来描述装配难度，即

$$TPV_i = \sum_{j=1}^{n} p_{ij} \tag{6-4}$$

式中　TPV_i——零件 i 的装配惩罚值；

　　　　p_{ij}——装配连接惩罚矩阵的元素；

　　　　j——装配连接惩罚矩阵的列数。

对装配连接惩罚矩阵 $\boldsymbol{P}_{ij}$ 按行求和即可得到所有零件的装配惩罚值。

6.2　基于神经网络的装配规划

　　基于神经网络的装配规划选取待装配产品的装配联系值、装配惩罚值、特征数目、质量、体积5个输入作为BP神经网络的输入变量（图6-2），装配序列号作为输出变量。主要包含三部分：输入数据的初始化、网络设计和网络学习算法。

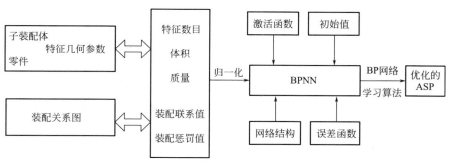

图 6-2　基于神经网络的装配规划流程图

　　由于不同产品包含的零部件的输入变量数据范围不同，需要对输入数据进行归一化处理，本章中将样本数据中的输入变量、输出变量归一化至 [0.1, 0.9]。采用式(6-5) 进行数据的归一化处理：

$$PN = \frac{P - P_{min}}{P_{max} - P_{min}} \times (S_{max} - S_{min}) + S_{min} \tag{6-5}$$

式中　PN——规范后的数据；

　　　　P——原始数据；

　　　　P_{min}——原始数据的最小值；

　　　　P_{max}——原始数据的最大值；

　　　　S_{max}——预期规范后的数据最大值；

$S_{\min}$ ——预期规范后的数据最小值。

BP 神经网络由三层组成，其拓扑结构为 5-n-1，由 5 个元素组成的输入层（每个神经元对应一个输入变量，分别表示装配联系值、装配惩罚值、特征数目、质量、体积）、n 个神经元组成的隐含层以及 1 个元素组成的输出层（对应一个输出变量，表示装配序列号）。神经元的激活函数有 S 型传输函数、双曲正切 S 型传输函数、线性传输函数等。采用 Nguyen-Widrow 方法和权值空间逐步搜索算法进行权值的初始化。隐含层数目的确定，以能够获取较好的结果为宜。隐含层神经元的个数是影响结果的重要因素之一。训练过程中隐含层节点可以动态删减，隐含层神经元个数初始值的确定方法共有以下五种。

方法一：fangfaGorman 指出隐含层节点数 $s = \log_2 m$（m 为输入层节点数）。

方法二：Kolmogorov 定理表明，隐含层节点数 $s = 2m + 1$（m 为输入层节点数）。

方法三：$s = \mathrm{sqrt}(0.43mn + 0.12nn + 2.54m + 0.77n + 0.35) + 0.51$（$m$ 是输入层的个数，n 是输出层的个数）。

方法四：$s = \sqrt{m + n} + a$（m 是输入层的个数，n 是输出层的个数，a 为 1~10 之间的常数）。

方法五：$s = \sqrt{mn}$（m 是输入层的个数，n 是输出层的个数）。

采用带有动量的自适应学习速率的梯度下降法来寻找权值的变换和误差能量函数的最小值，进行反复训练，直到网络结构最精简且学习误差满足要求为止。终止迭代的临界条件是：①均方根误差函数值降到预先设定的合理范围；②迭代次数达到预先的设定；③训练样本和测试数据发生交叉验证。均方根误差函数的定义如式(6-6)：

$$RMSE = \sqrt{\frac{1}{N}\sum_{i=1}^{N}(d_i - y_i)^2} \tag{6-6}$$

式中　d_i ——目标矢量在 i 处的值；

　　　y_i ——输出矢量在 i 处的值；

　　　N ——矢量维数。

6.3　基于神经网络的装配规划仿真

下面以文献［139］中的玩具汽车、玩具摩托车、玩具轮船作为实例，研究基于神经网络的装配规划仿真。其中，玩具汽车实例共有 28 个零件，对每个零件进行编号，零件编号与名称对应如图 6-3 所示。表 6-2 为玩具汽车最优装配序列及其中每个零件的装配联系值、装配惩罚值、特征数目、质量、体积参数值。玩具摩托车实例共有 17 个零件，对每个零件进行编号，零件编号与名称对应如图 6-4 所示。表 6-3 为玩具摩托车最优装配序列及其中每个零件的装配联系值、装配惩罚值、特征数目、质量、体积参数值。玩具轮船实例共有 15 个零件，对每个零件进行编号，零件编号与名称对称如图 6-5 所示，表 6-4 为玩具轮船最优装配序列及其中每个零件的装配联系值、装配惩罚值、特征数目、质量、体积参数值。

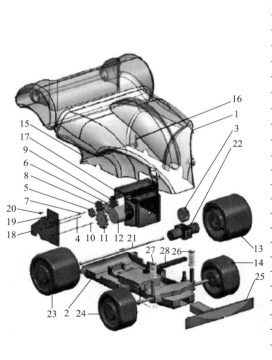

序号	零件名称
1	MB (MainBody)
2	CP (ChassisPan)
3	DG (DriveGear)
4	GS1_1 (GearSet1_1)
5	GS1_2 (GearSet1_2)
6	GS1_3 (GearSet1_3)
7	GS2_1 (GearSet2_1)
8	GS2_2 (GearSet2_2)
9	GS2_3 (GearSet2_3)
10	GS3_1 (GearSet3_1)
11	GS3_2 (GearSet3_2)
12	PO (Power)
13	LBW (LeftBackWheel)
14	LFW (LeftFrontWheel)
15	BS1 (BaseScrew1)
16	BS2 (BaseScrew2)
17	PP1 (PowerPack1)
18	PP2 (PowerPack2)
19	PPS1 (PowerPackScrew1)
20	PPS2 (PowerPackScrew2)
21	RA (RearAxis)
22	RD (RearDiff)
23	RBW (RightBackWheel)
24	RFW (RightFrontWheel)
25	SL (Spoiler)
26	SP1 (Spring1)
27	SP2 (Spring2)
28	SR (SteeringRack)

图 6-3　玩具汽车的模型及其零件明细表

表 6-2　玩具汽车的最优装配序列及其中每个零件参数值

最优装配序列	零件	AI	TPV	FN	质量/g	体积/mm³
1	2CP	19	47	9	981.88	125415.99
2	22RD	4	8	10	31.42	11246.39
3	3DG	5	8	27	4.83	3452.57
4	17PP	10	29	11	83.64	29935.98
5	9GS2_3	3	5	22	1.96	1397.92
6	8GS2_2	3	5	22	1.12	802.85
7	7GS2_1	6	16	1	3.07	392.7
8	12PO	2	3	2	56.34	20165.61
9	11GS3_2	3	5	26	2.28	1628.77
10	10GS3_1	6	16	1	3.07	392.7
11	6GS1_3	3	5	22	1.08	771.23
12	5GS1_2	3	5	22	0.87	623.61
13	4GS1_1	6	16	1	3.07	392.7
14	18PP2	8	22	11	17.66	6321.76
15	19PPS1	4	6	3	0.13	14.99
16	20PPS2	4	5	3	0.11	14.86
17	28SR	7	4	4	27.58	3522.26
18	21RA	7	13	3	29.79	3804.98
19	13LBW	2	5	7	308.9	219936.4
20	23RBW	2	3	7	307.67	219928.32
21	14LFW	2	3	9	176.9	119227.68
22	24RFW	2	3	9	164.33	119214.45
23	26SP1	2	6	3	9.99	1288.59
24	27SP2	2	6	3	9.85	1276.48
25	25SL	2	3	2	234.01	83756.14
26	1MB	7	17	28	932.5	333750.12
27	15BS1	4	10	3	2.38	303.99
28	16BS2	4	10	3	2.36	302.45

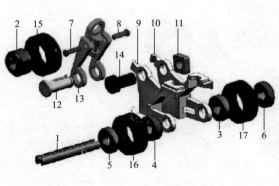

序号	零件名称
1	MA (MotorbikeAxle)
2	MB1 (MotorbikeBearing1)
3	MB2_1 (MotorbikeBearing2_1)
4	MB2_2 (MotorbikeBearing2_2)
5	MB3_1 (MotorbikeBearing3_1)
6	MB3_2 (MotorbikeBearing3_2)
7	MH1 (MotorbikeHandlE1)
8	MH2 (MotorbikeHandlE2)
9	MMB1 (MotorbikeMainBody1)
10	MMB2 (MotorbikeMainBody2)
11	MN (MotorbikeNut)
12	MPN (MotorbikePin)
13	MPE (MotorbikePlate)
14	MS (MotorbikeScrew)
15	MW1 (MotorbikeWheel1)
16	MW2 (MotorbikeWheel2)
17	MW3 (MotorbikeWheel3)

图 6-4　玩具摩托车的模型及其零件明细表

表 6-3　玩具汽车的最优装配序列及其中每个零件参数值

最优装配序列	零件	AI	TPV	FN	质量/g	体积/mm³
1	₉MMB1	5	13	20	7.35	7697.04
2	₁₃MPE	9	19	4	5.19	5176.46
3	₁₀MMB2	5	17	20	6.78	7696.73
4	₁₄MS	3	8	2	1.53	2297.29
5	₁₁MN	3	10	3	0.78	856.50
6	₁₇MW3	1	9	4	8.13	7296.14
7	₃MB2_1	4	23	3	1.2	1931.29
8	₆MB3_2	3	16	5	1.41	1892.18
9	₁MA	8	52	2	3.32	2907.56
10	₁₆MW2	2	9	4	8	7295.23
11	₄MB2_2	4	18	3	1.18	1930.96
12	₅MB3_1	3	5	5	1.4	1891.72
13	₂MB1	4	11	4	2.49	3841.38
14	₁₅MW1	2	4	4	7.99	7294.86
15	₁₂MPN	3	12	5	1.28	1619.55
16	₇MH1	2	4	3	0.17	231.61
17	₈MH2	2	3	3	0.15	230.56

分别对玩具汽车、玩具摩托车、玩具轮船的零件参数值进行归一化处理，将参数值归一化到 [0.1，0.9] 范围内，将归一化后的三组数据顺序组合在一起，作为神经网络的五个输入。分别对玩具汽车、玩具摩托车、玩具轮船的最优装配序列进行归一化处理，将参数值归一化到 [0.1，0.9] 范围内，将归一化后的三组数据顺序组合在一起，作为神经网络的一个输出。

创建一个三层 BP 神经网络，输入是 5 个元素（装配联系值、装配惩罚值、特征数目、质量、体积）的向量，输出是 1 个元素（装配序列号）的向量。输入和输出中间有 1 个隐含层，第一层有 5 个神经元，传递函数是 purelin；隐含层有 5 个神经元，传递函数是 logsig；第三层有 1 个神经元，传递函数是 purelin。

网络学习算法采用动量及自适应学习速率的 BP 梯度下降算法 traingdx。网络学习的参数设置为：训练次数 50000，学习速率为 0.9，学习衰减率为 0.95，训练目标收敛最小误差为 0.01，权值变化增加量为 0.9，附加动量因子为 0.9。

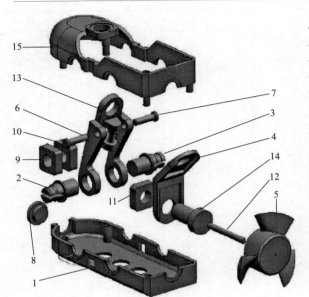

序号	零件名称
1	BM (BaseboatMainbody)
2	BB1 (BoatBolt1)
3	BB2 (BoatBolt2)
4	BC (BoatChair)
5	BF (BoatFan)
6	BH1 (BoatHandle1)
7	BH2 (BoatHandle2)
8	BL (BoatLight)
9	BN1 (BoatNut1)
10	BN2 (BoatNut2)
11	BN3 (BoatNut3)
12	BPR (BoatPillar)
13	BP (BoatPlate)
14	BS (BoatScrew)
15	TM (TopBoatMainBody)

图 6-5　玩具摩托车的模型及其零件明细表

表 6-4　玩具轮船的最优装配序列及其中每个零件参数值

最优化装配序列	零件	AI	TPV	FN	质量/g	体积/mm^3
1	$_{13}$BP	12	28	4	40.53	5176.46
2	$_9$BN1	3	7	3	6.81	857.5
3	$_2$BB1	4	10	4	10.95	1393.43
4	$_{10}$BN2	3	8	3	6.71	857.1
5	$_3$BB2	4	11	4	10.9	1392.87
6	$_1$BM	7	34	12	86.96	11105.48
7	$_{15}$TM	7	30	12	75.11	9591.47
8	$_6$BH1	2	3	3	1.82	231.61
9	$_7$BH2	2	3	3	1.81	230.92
10	$_4$BC	5	20	8	19.98	2551.01
11	$_{11}$BN3	3	7	3	6.61	856.2
12	$_{14}$BS	8	26	2	17.99	2297.29
13	$_{12}$BPR	4	6	2	2.4	306.77
14	$_5$BF	2	3	11	26.63	3401.12
15	$_8$BL	4	8	3	5.69	726.57

　　以玩具汽车、玩具摩托车和玩具轮船的数据作为训练数据，以玩具摩托车的数据作为测试数据。采用实验设计法选择参数，当网络结构为5-11-1时，仿真结果如图6-6所示；当网络结构为5-13-1时，仿真结果如图6-7所示；当网络结构为5-15-1时，仿真结果如图6-8所示。当网络结构为5-15-1时，预测仿真结果误差最小。在零件连接约束方面仅仅采用装配联系值、装配惩罚值不能充分表达产品装配连接关系，基于BP神经网络的装配规划对网络设计参数要求较高。

　　产品装配序列的样本较少，是影响基于BP神经网络的装配规划的一个重要因素。如果以产品装配联系关联矩阵或装配联系优先矩阵来描述产品装配连接关系，数据量较大，并且由于产品包含的零件数不同，建模困难。因此，从有效的产品装配连接关系表达及装配模型入手，建立面向装配规划的装配零件数据结构，研究基于神经网络的装配规划，降低网络参数设计的要求，可以提高方法的鲁棒性。

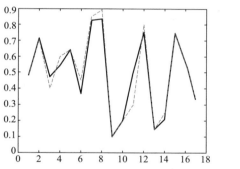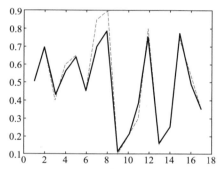

图 6-6　网络结构为 5-11-1 时，玩具摩托车装配序列规划预测仿真结果

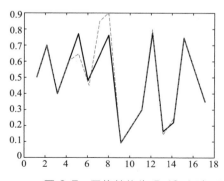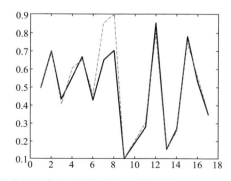

图 6-7　网络结构为 5-13-1 时，玩具摩托车装配序列规划预测仿真结果

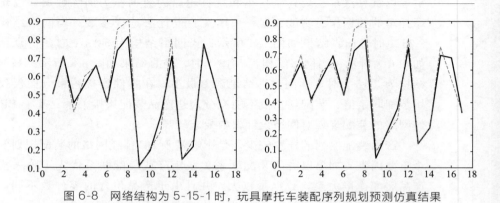

图 6-8　网络结构为 5-15-1 时，玩具摩托车装配序列规划预测仿真结果

第7章

装配生产线
数学模型
及求解

7.1 生产调度理论

在满足系统的功能、最优选择权等限定因素的条件下，通过采取设计生产物料的分配方案、调整库存周期、改进生产工序和优化生产线布局等措施，达到生产效率最大化、经济效益最优化等目的过程叫做生产调度。生产调度在空间上把整体的生产任务分配给下面独立的子系统，包括生产车间的加工中心以及各处室、组织、成员等生产单元。在时间上，通常把宏观的生产计划分割成一个个相互连贯的子计划，并依据具体情况对每一个子计划进行调整和优化，研究不同的因素对于生产周期长短的影响。调度的调整和优化必须在一定的限定因素下进行，如不能随意更改客户所需求的商品品类、周期产量、合同期限等，还要充分考虑员工的生产积极性以及生产线的机械化程度等。调度的目的就是在满足所有限定因素的情况下，使生产效率最大、经济效益最优。

7.1.1 生产调度

生产调度，是在时间一定的条件下，为了满足规定的性能参数和指标，分配资源并对生产任务进行排序，以完成目标生产任务。

一般来讲，生产调度问题相关的约束条件可分为产品的投产期和交付期、加工顺序、批量大小、加工路径、加工设备的可用性、成本期限和原料的可用性等。在生产调度过程中，工件的加工工艺和生产能力等条件是必须满足的；像生产成本的控制等某些约束条件，在可接受的条件范围内即可符合生产任务，这些非必须的约束条件看作生产调度的确定性因素；对于一些预先无法预见的情况，如原料的供需变换、设备发生故障等非正常情况，往往看作生产调度的不确定因素。产品的生产工艺制约工厂资源（加工原料、加工存储和运输的设备、人力和资金等）的分配。

在生产调度问题中，其中典型的问题便是车间的生产计划和控制问题，所以车间调度问题的理论研究一直作为生产调度理论的重要内容。随着近些年来管理自动化的不断发展，调度理论专家学者用他们各自不同领域的方法丰富了车间调度问题的求解。生产调度的性能可用相应的性能指标来评价，例如工厂中常见的性能有产品周期最短、设备利用率最高、生产成本最低、生产转换时间最短等。

对于生产调度问题，根据加工系统的复杂程度可以分为单机调度问题、作业车间调度问题、流水车间调度问题和多机器并行加工调度问题等几个基本模型；根据生产环境的特点，可以分为确定性调度问题和不确定性调度问题；根据调度任务与环境可分为静态调度问题和动态调度问题；根据产品加工任务的特点可以分为允许作业中断调度问题、作业调度时间全部相等调度问题和生产处理时间不相等调度问题；根据某个最佳性能标准可以分为总作业时间最小调度问题和总延迟时间最小调度问题。而在实际生产过程中，车间调度问题往往比较复杂，是由多个调度问题组合而成的。

7.1.2　车间调度问题

车间调度是生产调度的一个至关重要的环节。车间调度的主要工作是将生产任务集合理分配在一组可用的加工机器集上，以满足目标的性能指标的要求。车间调度往往需要解决的待定问题是：在 m 个班组上装配 n 个工件，每个工件又需要 k 道工序进行加工，所以多个班组都可以完成工件的任何一道工序。传统车间调度存在的约束条件为：在同一时间内，每一个班组只能装配一个工位的指定工序，并且工件必须按照工件的工序顺序加工。然而，在实际生产工程中，由于受到机器数量的限制，每台机器必须加工多个不同的工件，不同工件的混合加工就使得机器需要充足的准备时间。车间调度需要解决的问题主要有确定机器集上工件加工顺序、工件各工序的加工时间和工序加工设备的分配。

生产的柔性主要体现在两个方面：第一，多个班组的不同工序可以在同一设备上装配；第二，工件在各个设备上加工路径是可以选择的，可以将其中多台机器共同组合到一起形成生产线以完成工件的加工，使得生产效率实现最高。将这两种柔性分别称为设备安排的柔性和设备使用的柔性。柔性制造系统（FMS）在车间调度问题研究中也是非常重要的一个分支，FMS 的主要组成是数控设备，这主要是因为每台数控设备可以加工多个工件，所以需要进行工件的分配。FMS 主要有以下几个问题需要解决：数控设备分组、工件分配、工件选择、设备的负荷及分配和工厂生产效率等问题。此外，FMS 还包括其他约束条件，如设备工具集的数量、设备可用时间等。

针对车间调度问题，研究往往需要通过不同角度、不同的策略来求解。目前研究车间调度问题的策略主要包括动态重调度策略、并行或分布策略、人机交互策略、多目标策略等。

① 动态重调度策略　考虑到实际生产系统有诸多不确定因素和随机性，因此在调度过程中，往往需要进行车间的重调度。对重调度的研究得出的触发方式主要有连续性重调度、周期性重调度、事件驱动重调度和周期性与事件驱动相结合的重调度。

② 并行或分布策略　许多学者认识到了车间调度的复杂性，提出了用并行或分布的方法对问题进行研究和求解。

③ 人机交互策略　对于柔性生产车间的调度问题已经有了很长时间的研究，但是至今仍未形成一套较为完善的系统理论。在实际生产调度中，各种复杂因素的相互影响和调度的多目标性，研究者为了得到满意的调度结果，往往需要根据决策者经验和所学知识，这为人机交互策略与手段提供了可能。研究和生产实践表明人机交互策略可以在极为有限的时间内和背景知识下解决复杂的实际问题。

④ 多目标策略　实际车间调度问题大多是多目标问题，往往需要同时考虑最小化最大加工时间和设备的最大利用率等生产目标，而现实问题是这些目标很有可能产生相互冲突。人工智能方法可以利用算法很好地解决车间调度的多目标优化的问题，这为多目标车间调度提供了很好的解决方案。人工智能方法的出现，能够克服数学规划和仿真方法的不足，避开大规模的数学计算而得到最优的调度策略。

7.1.3　调度规则

生产调度问题主要分为两大问题：调度问题的建模和优化算法的求解。早期调度问题研究主要针对小规模调度问题进行数学参数化（如数学规划方法等）和优化方法（如分支定界和动态规划等）的精确求解。伴随着调度问题的复杂化和多维化，仿真建模方法开始被广泛使用，人工智能、计算智能等优化方法也开始展现出计算效率上的优势。但是，一个非常现实的问题是加工设备的多样化和产品多样化，而且一些关键信息存在诸多动态性和不确定性而影响优化结果。在研究中不难发现，人工智能和计算智能方法的研究大多仍然针对已有小规模生产问题进行仿真，无法适应实际的大规模生产问题。一旦在生产中状态发生了变化，这些方法的背后会产生巨大的时间成本。由于调度规则具有低时间复杂度、动态适应调度环境等优点，所以能够根据生产线的变化作出动态响应，这更加适用于求解动态性和不确定性的实际生产调度问题。

调度规则包含优先规则和启发式规则。优先规则是指根据特定算法计算工件的加工优先级，而启发式规则只是简单的经验法则。在生产过程中，一旦有加工设备空闲，调度规则将根据工件的优先级或相关经验选择一个工件，并将其分配给加工设备。目前，科研工作者对调度规则进行了广泛研究，并已经提出了 100 多种调度规则。根据不同的分类依据，这些调度规则可以被分为两大类，具体分类信息如表 7-1 所示。

表 7-1　调度规则的分类

分类依据	分类	描述
是否与时间相关	静态规则	工件的加工优先级不随时间变化
	动态规则	工件的加工优先级随时间变化
复杂程度	简单规则	优先级求解只包括一个参数，如加工工时、交货期、紧急程度等
	组合规则	简单规则的组合，在不同情况下选择不同的规则
	加权规则	由简单规则经加权组合后得到
	启发式规则	经验法则

基本调度规则是最原始的调度规则，其优先级求解表达式中一般只涉及 1～2 个参数。将基本调度规则进行改进或组合往往能够得到性能更优的调度规则。目前已提出的调度规则中很多都是基本调度规则进行改进或组合的。基本调度规则如表 7-2 所示。

表 7-2　基本调度规则

名称	描述	数学表达式
SIO	工件下一工序的加工时间越短，优先级越高	p_{ij}
LIO	工件下一工序的加工时间越长，优先级越高	$-p_{ij}$
SPT	工件加工时间越短，优先级越高	$\sum\limits_{j=1}^{m_i} p_{ij}$
LPT	工件加工时间越长，优先级越高	$-\sum\limits_{j=1}^{m_i} p_{ij}$
SRPT	工件剩余加工时间越短，优先级越高	$\sum\limits_{j \in SR_i} p_{ij}$
LRPT	工件剩余加工时间越长，优先级越高	$-\sum\limits_{j \in SR_i} p_{ij}$
AT	工件的投料时刻越早，优先级越高	r_i
FIFO	工件进入加工设备越早，优先级越高	r_{ij}
FOPNR	工件的剩余工序数越少，优先级越高	$m_i - j + 1$

名称	描述	数学表达式
GOPNR	工件的剩余工序数越多,优先级越高	$-(m_i - j + 1)$
EDD	工件的交货期越早,优先级越高	d_i
MDD	工件的改进货期越早,优先级越高	$\max(d_i, t + \sum_{j \in SR_i} p_{ij})$
MOD	工件工序的改进货期越早,优先级越高	$\max(d_i - \sum_{j \in SR_i} p_{ij}, t + \sum_{j \in SR_i} p_{ij})$
DS	工件的松弛时间越小,优先级越高	$d_i - t - \sum_{j \in SR_i} p_{ij}$
OSL	工件工序的松弛时间越小,优先级越高	$d_{ij} - t - p_{ij}$
ALL	工件的剩余时间越小,优先级越高	$d_i - t$
CR	工件的临界比越小,优先级越高	$\dfrac{d_i - t}{\sum_{j \in SR_i} p_{ij}}$
OCR	工件工序的临界比越小,优先级越高	$\dfrac{d_{ij} - t}{p_{ij}}$
ALL/OPN	每一剩余工序可用时间越小,优先级越高	$\dfrac{d_i - t}{m_i - j + 1}$
S/OPN	每一剩余工序松弛时间越小,优先级越高	$\dfrac{d_i - t - \sum_{j \in SR_i} p_{ij}}{m_i - j + 1}$
S/WKR	每单位剩余工作量松弛时间越小,优先级越高	$\dfrac{d_i - t - \sum_{j \in SR_i} p_{ij}}{\sum_{j \in SR_i} p_{ij}}$
WINQ	下一工序等待的总加工时间越小,优先级越高	$Y_{i,j+1}(t)$
NINQ	下一工序等待的总工序数越小,优先级越高	$N_{i,j+1}(t)$

注：p_{ij} 表示工序的加工时间；r_i 表示工件 i 的进入车间的时刻，即投料时刻；r_{ij} 表示工件 i 的工序 j 的开始加工时刻；d_i 表示工件 i 的交货期；d_{ij} 表示工件 i 的工序 j 的完工时刻；SR_i 表示工件 i 的剩余装配工序集合；t 表示当前时刻；$i = 1, 2, \cdots, n$；$j = 1, 2, \cdots, m$；m_i 表示工件 i 的总工序数。调度规则的数学表达式的计算值越小，相应工件的优先级越高，即为越优先选择。

目前，已有大量学者对调度规则的性能进行了研究，其研究主要包括两方面的内容，即调度效果评价和计算时间分析。调度效果是指对于给定的调度问题，针对特定调度规则评价指标，调度规则的计算结果与最优值的差距。计算时间是指对于给定调度问题，调度规则计算出最优加工工件的时间。调度规则常用的评价指标如表 7-3 所示。

表 7-3 调度规则常用的评价指标

类别	评价指标	数学表达式
基于工件流经时间	平均流经时间	$\overline{F} = \dfrac{1}{n} \times \sum\limits_{i=1}^{n} F_i$
	最大流经时间	$F_{max} = \max\{F_i\}$
	流经时间方差	$\sigma^2(F) = \dfrac{1}{n} \times \sum\limits_{i=1}^{n} (F_i - \overline{F})^2$
基于工件交货期	平均拖期时间	$\overline{T} = \dfrac{1}{n} \times \sum\limits_{i=1}^{n} T_i$
	最大拖期时间	$T_{max} = \max\{T_i\}$
	拖期时间方差	$\sigma^2(T) = \dfrac{1}{n} \times \sum\limits_{i=1}^{n} (T_i - \overline{T})^2$
	拖期工件数	$n_T = \sum\limits_{T_i > 0} l$
	拖期工件比例	$\lambda = \dfrac{n_T}{n} \times 100\%$

注: F_i 表示工件 i 的流经时间,即工件加工的生命周期; T_i 表示工件 i 的拖期时间; n 表示工件数; n_T 表示拖期工件数; $i = 1,2,\cdots,n$。

7.2 重卡装配生产线设计及调度

总装车间是汽车制造工艺过程的最后一道环节,以既定的装配工艺路线顺序为基础,按照特定的速度依次从一个工位移至下一工位,由基本操作单元在各个工作站逐步附加零部件,且以流水作业的方式最终将发动机、仪表、车门、车灯、中桥、后桥、轮胎和变速器等部件组装到车身而形成一台完整的汽车,然后出厂。

装配工序通常是车身或者其他主部件就位后通过人工搬运操作拾取零部件,并将其放置在对应位置,连接紧固并检查无误后,将主部件放行至下一工位,然后该工位和工人迎来新的主部件,重复相同的装配动作。装配方式主要分为螺纹连接法、粘接法和冲注法,其中螺纹连接法是最主要的连接紧固方法,大约占到汽车装配作业工作量的 31%。车身从一条线转移到另一条线大多通过升降机、侧顶机等转接设备配合完成。一些大的部件(如轮胎、座椅等)一般由物流运输线自动运输完成,小配件也会通过货架、托盘等以人工搬运、叉车转移等形式批量运输而实现物料供应。相比于其他车间，总装车间的内部零部件供应最多、人工最密集、随机变动因素最广和作业内容复杂多样，这使得保证装配质量和提高总装生产效率成为当前总装设计的一大难题。

7.2.1　重卡装配生产线设计

随着我国城市化进程的加快和工业化水平的提高，社会的发展对交通运输能力提出了更高的要求。重卡企业不断开发出新产品并迅速替代老产品，重卡型号迅速增加。目前保证高端产品质量、成本和交货期以及装配生产线的优化和顺畅，是我国众多企业（包括重卡制造企业）共同追求的目标。重卡生产系统要求总装生产线必须向柔性化和精益化方向发展，许多企业开始进行总装线的柔性化改造。为了解决这一问题，多品种混流生产日益受到关注。多品种混流生产是一种基于柔性生产思想的生产模式，根据用户需求，采用多品种混流装配的生产方式以提高装配线整体的生产效率。装配是汽车生产制造系统的关键环节，约有 1/3 的工人从事有关的装配作业，该成本占到了制造成本的 40% 以上，但混流装配在实际应用中也会遇到过程复杂、技术要求高和自动化程度不一等问题。在国际化竞争日益激烈的冲击下，为了提高高端产品的质量、控制其成本和保证其交货期，许多企业开始进行总装线的柔性化创新改造。

订单式的柔性化混流装配线的平衡任务就是将各类资源利用最大化、时间最小化和使用合理化。基于此，制造企业应在空间和时间上对各类装配物料的组织及产品的生产进行优化，一方面要保证设备的布局合理、上下工序衔接的顺畅；另一方面要不断提升装配工人的操作效率、减少产品制造时间，以降低成本和效益最大化。根据目前的汽车行业特别是重卡生产，即使是机械化程度极高的企业，也会有 6%～11% 的制程时间浪费在等待和延迟的过程中。因此，重卡柔性化生产线的平衡工作的改进与实施迫在眉睫。

合理的装配线应采用模块设计的方式，减少工位以简化生产管理，尽量减少迂回、停整和搬运，在生产可靠性的前提下保持装配线生产的灵活性；按照生产线生成方式及生产线负荷平衡的原则进行工艺设计，合理安排生产线各工位作业内容并有效利用人力和面积，这不仅能使物流更加畅通，而且能有效提高生产效率。企业最终目的是要以高质量的产品、低成本、最短的交货期以及最佳的投产时间去开拓市场。因此确定装配线的设计原则如下。

① 流向合理，移动最短原则　装配线布置设计应按照装配工艺流程统一协调，保证物流设计的合理性，即整个产品装配过程是连续的，中间没有停顿、倒流和长距离运输。合理的物流虽不产生任何附加价值，但可以减少在物流上所花费的人力、物力，以达到降低成本和改善质量的效果。在装配线物流上，要求物的移动距离和运输量尽量短、少，避免停滞、超越和堆积。

② 有效利用面积原则　在装配线布置中，应充分有效地利用面积，设备间隔在保证一定维修空间下尽量减小。这不仅提高面积利用率，也减少工人所走的路程。选择通道宽度时，需根据人流量、物流量来考虑。

③ 安全便于工作原则　安全生产是一件大事，它是装配线布置的基本目标之一。保证工人工作安全，不仅降低生产管理费用，也改变工人的精神面貌，因为工人提心吊胆的工作是无法生产出高质量产品的。同时，在装配线操作中，一定要强调活动，即整理、整顿、清洁、清扫、素养和安全。

④ 弹性原则　装配线的布置设计一定要有灵活性，具备一定扩建和改动的适应性，即在花费最少费用的条件下，能方便地对装配线布置进行调整。在装配线设计阶段必须对变化因素加以分析，留有余地，以适应各种变化。

⑤ 简单化原则　装配线布置要力求简洁，一目了然，使管理简便，避免复杂化。

以上述装配线布置指导思想和设计原则为基础，根据市场需求的产品不断进行更新、变化，满足多品种产品的及时切换，提高了工艺水平，确保了产品质量，并使生产能力提高，可满足拓宽配套市场占有率的要求。

国内某重卡公司新建汽车总装车间，主导产品有 HOWO-N58、HOWO-K38 和 HOWO-S35 三大系列 12 个车型的重型载货汽车整车，能够满足 12 种车型混流装配和节拍要求。在 2018 年第一季度，该卡车生产企业总计收到订单 18.2 万辆，其中在 3 月份累计接到重卡订单为 36000 辆，环比增长 26.3%。该重卡生产线人力资源是否安排合理、工序工位布局是否影响到装配、设备工具是否配备齐全、物料组织与配送是否准时等因素，势必会影响到该产品的质量和效益。

某企业的重卡装配线工艺布局方案设计依据如下。

① 生产纲领　年设计生产能力为单班 30000 辆。工作制度按设备开动率 80% 计算为：全年 250 天，采用双班制，单班 8h。生产节拍稳定在 4～5min。

② 生产任务　装配现场主要承担某车型的牵引车、自卸车、载货车、水泥搅车型，目前是本企业最先进的装配生产流水线。其中南线承担着车辆的车架分装，电瓶箱体、电气阀类、制动系统、前后悬架、传动轴、前后桥等安装工作；北线承担车辆的线束铺设，转向系统的安装，发动机吊装、燃油箱安装、驾驶室吊装，发动机进气、排气与冷却系统的安装，功能项调整，整车下线等工作。可加工 12 种以上不同的车型，车辆最大尺寸为 13000mm×1300mm×700mm（长×宽×高），纵梁腹高为 300～500mm，最大质量为 5000kg。

③ 厂房数据　现场考察了装配生产线的厂房。车间厂房总长为 280m，总宽为 117.5m，由总装车间（包含中后桥分装区）、发动机分装车间和车架分装车间 3 个车间组成。

④ 产品的技术规格　部分车型的技术规格如表 7-4 所示。

表 7-4　部分车型的技术规格

	车型 1	车型 2	车型 3	车型 4
驱动形式	6×4	4×2	6×2	4×2
轴距/mm	5800+1350	5000	1800+5600	4700
车身长度/m	10.6	9	12	9
车身宽度/m	2.496	2.55	2.55	2.496
车身高度/m	3.105	3.98	3.98	3.105
整车质量/t	10.5	7.88	10.875	6.12
额定载重/t	14.37	7.925	13.995	5.99
总质量/t	25	16	25	12.24
最高车速/(km/h)	110	101	110	101

为了方便重卡柔性装配线工位参数计算，假设装配线操作工时为 t_a；纯工作时间为 t_b；工时利用率为 η，其值一般为 70%～85%；设备开动率为 τ，其值一般为 80%～90%；装配线节拍为 T；年工作天数为 D；每班工作小时数为 h；休息时间为 r；班次为 N；年产能为 W；装配线工位数为 M；工位人数为 n，于是有

$$t_a = t_b \eta \tau \tag{7-1}$$

$$T = 60 D \eta (h - r) N \tau / W \tag{7-2}$$

$$M = t_a / (n \times T) \tag{7-3}$$

根据生产经验，取装配车间总装线操作工时 450min，设备开动率为 85%，工时利用率为 75%，年工作天数为 250，每班工作小时数为 8，休息时间为 0.5h，班次为 2。平均每个车位工作人员为 5 人；年产能为 120000 辆车。由上述数据代入式(7-1)～式(7-3)中计算可得各装配线工位参数。

装配线生产节拍计算：60×250×0.75×(8-0.5)×2×85%×60/

120000＝11.9min/辆。

　　总装线工位数计算：有效工位数＝450/（5×11.9）＝7.5个，实际采用工位数取9个。

　　在生产厂区中，总装车间厂房的南侧为车架车间，东北侧为发动机分装车间。依据总装车间的结构特点，确定总装配车间的主要物流流向为自南向北，自西向东。

　　车架分装布置在联合厂房内，用于车架分装面积：$12780m^2$；设计两条车架分装线，用以板簧、前桥及稳定杆等零部件的分装，其余分装布置在总装配车间内完成。

　　总装车间面积：$16748m^2$，主要设计有一条U形整车装配线。各类车型根据订单进行混线生产。U形线易于实现线平衡。各分装线沿主线平行布置，便于线边物流。车架分装线在单独一个车间，车架进入底盘线后翻转。结合上述工位参数计算结果，将总装线划分为9个区域（包含中后桥分装区）分别对应工位参数中的9个工位。具体的装配线平面布局方案如图7-1所示。

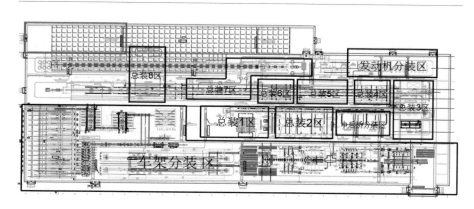

图 7-1　装配线平面布局方案

　　分别对车架分装线、总装线及发动机分装线进行工艺流程设计，以满足柔性化生产需求。

　　① 车架分装线工艺流程设计　纵梁是重卡车架中的重要组成部件之一，纵梁质量对重卡整车有着重要的作用和影响。首先对纵梁进行表面处理。其次将主副梁进行拼合后，纵梁转上铆接线进行铆接，并将加强板、支架与纵梁连接。然后通过横梁将左右纵梁连接将车架拼接完成。接着铆接板簧支架、横梁下翼面铆钉、发动机连接板支架完成反面铆接；

翻转后车架正面铆接及固紧螺栓,并对车架总成进行校正、检测。最后车架下线进入涂装生产线进行电泳涂装。车架分装工艺流程如图 7-2 所示。

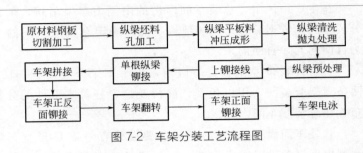

图 7-2　车架分装工艺流程图

② 总装线工艺流程设计　包括总装线第 1 工位工艺流程、总装线第 2 工位工艺流程、总装线第 3 工位工艺流程、总装线第 4 工位工艺流程、总装线第 5 工位工艺流程、总装线第 6 工位工艺流程、总装线第 7 工位工艺流程、总装线第 8 工位工艺流程、总装线第 9 工位工艺流程,工艺流程分别如表 7-5～表 7-13 所示。

表 7-5　总装线第 1 工位工艺流程

序号	工序名称	序号	工序名称
1	吊置车架及车架分装总成上线	17	安装 ABS 阀总成及适配阀
2	复紧平衡轴、导向板、限位块螺栓力矩	18	安装挂车阀
3	安装前牵引钩座	19	安装后桥继动阀
4	松装方向机螺栓	20	安装各类管路支架及过板直通接头
5	安装举升缸支撑轴	21	安装排气管支架
6	安装驾驶室左、右前支架	22	吊装平衡轴松装总成
7	安装发动机前支撑	23	安装平衡轴总成(松装、紧固、复紧)
8	安装前稳定杆或前横梁	24	分装及安装电磁阀总成
9	安装保险杠支架或前置消声器吊架	25	安装后桥限位块
10	安装前防护支架	26	安装导向板总成
11	安装前簧左、右后支架吊耳	27	安装二位五通阀及双向单通阀
12	分装及安装氮氧传感器	28	安装后簧前支架
13	安装垂臂支板总成	29	安装后簧后支架
14	安装穿线护套及嵌条	30	安装后挡泥板支架
15	安装底盘管路(含制动管路、水管、钢管)	31	产品件扫描
16	安装前桥继动阀		

表 7-6　总装线第 2 工位工艺流程

序号	工序名称	序号	工序名称
1	安装 V 形推力杆	9	分装小瓦筒及 5L 筒
2	安装侧置备胎架	10	安装小瓦筒及 5L 筒
3	点击上线打印随车单、粘贴底盘号	11	吊装及安装电瓶箱分装总成并复紧螺栓
4	安装横梁总成（托架及元宝梁）	12	产品件扫描
5	安装前桥限位块	13	分装及安装四回路保护阀
6	安装减振器上支架	14	安装钢管固定支架
7	安装前簧左、右后支架	15	安装排气管支架或管线束护套
8	分装及安装支架筒		

表 7-7　总装线第 3 工位工艺流程

序号	工序名称	序号	工序名称
1	预装后板簧	12	分装传动轴
2	安装前板簧总成	13	吊装传动轴
3	安装继动阀	14	吊装及安装前轴总成
4	连接捆扎四回路阀及储气筒管路	15	分装及安装转向阻尼减振器
5	连接固定支架筒处管路	16	分装及安装前稳定杆总成
6	铺设中、后桥差速锁管路	17	安装后稳定杆托架
7	连接固定中、后桥继动阀处管路	18	安装后拖钩
8	安装发动机左、右支架	19	产品件扫描
9	安装空滤器左、右支架	20	分装及安装空压机钢管
10	安装支撑角板	21	紧固前板簧夹板螺栓
11	安装黄油嘴、锁紧板簧销锁		

表 7-8　总装线第 4 工位工艺流程

序号	工序名称	序号	工序名称
1	连接中桥传动轴	10	紧固前桥中心螺栓
2	连接中、后桥传动轴	11	分装及安装减振器
3	安装中、后桥板簧夹板	12	后桥 U 形螺栓紧固及复紧
4	紧固下推力杆螺栓	13	安装前下防护总成
5	紧固前桥 U 形螺栓	14	紧固前桥中心螺栓
6	安装进气道支架	15	分装及安装减振器
7	安装后稳定杆	16	紧固后桥 U 形螺栓紧固及复紧
8	加注黄油	17	安装前下防护总成
9	翻转摆渡车架并互检螺栓、推力杆等		

表 7-9　总装线第 5 工位工艺流程

序号	工序名称	序号	工序名称
1	安装转向器总成	18	安装油滤器支架总成
2	安装后桥限位块	19	安装柄杆、摆臂总成
3	安装驾驶室后悬置支架分装总成	20	安装轴座总成
4	安装前轮后翼子板支架	21	安装转向助力缸油管
5	紧固后簧压板及力矩	22	安装助力缸总成
6	安装中、后桥制动管路	23	安装转向直拉杆
7	安装减振器	24	安装燃油箱支架及加强板
8	安装发动机楔形支撑总成	25	安装燃油箱总成
9	紧固后簧 U 螺栓并检测力矩	26	布设、连接、固定各类线束
10	紧固 V 形双头螺栓及安装管路支架	27	连接固定前桥 ABS 线束
11	分装及安装液压手动油泵	28	连接中、后桥 ABS 线束及差速管路
12	安装尿素箱	29	安装分线盒及线束插接
13	安装起动机线束	30	连接 SCR 线束
14	安装发动机前支撑	31	安装牵引座大板
15	铺设举升缸管路及连接	32	安装牵引座支撑弯板及横梁
16	安装保险杠拉板	33	牵引座连接板
17	安装限位拉带支座	34	产品件扫描

表 7-10　总装线第 6 工位工艺流程

序号	工序名称	序号	工序名称
1	直行定位调整	15	分装及安装中冷器进气管
2	紧固直拉杆及力矩检测	16	铺设燃油管路及连接发动机油管
3	连接变速箱和传动轴	17	连接油箱管路
4	安装发动机分装总成、紧固传动轴吊架	18	安装双油箱换向阀及油管
5	连接电瓶箱内各类线束	19	安装变速箱横梁或梁梁
6	连接起动机线束及捆扎固定发动机线束	20	分装及安装离合器助力缸
7	安装及连接空压机软管	21	安装离合器油管
8	阻尼减振器调整、固紧	22	安装及连接尿素管路
9	安装前制动分室及管路	23	安装下进气道支架及进气道总成
10	分装前制动分室及管路	24	连接变速箱管路、紧固液压锁举升油管
11	安装方向机与助力缸连接管路前部	25	安装散热器下水管
12	安装转向器油管路及支架	26	拆装 TGA 前横梁
13	安装连接发电机线束及穿装发动机线束	27	扫描产品件
14	固定换挡软轴、转子泵管路连接		

表 7-11 总装线 7 工位工艺流程

序号	工序名称	序号	工序名称
1	加注柴油	17	连接空调管路
2	安装空滤器总成	18	安装机油加注管及口盖
3	安装油浴式空气滤清器总成	19	安装蓄电池及连接电源线
4	安装油滤器连接管及进气管	20	安装牵引鞍座
5	安装空滤器进气管	21	连接鞍座连接板
6	安装空滤器出气管	22	连接及固定膨胀水箱水管
7	分装及安装车下启动开关	23	安装散热器分装总成及连接水管
8	安装后置备胎架	24	检查中、后桥齿轮油
9	安装挂车装置及挂车接头	25	加注中、后桥轮边油
10	安装消声器总成	26	分装前防钻（含油底壳保护栅、保护板）
11	安装排气管路	27	安装前防钻保护架分装总成及气喇叭
12	安装立式消声器或前置消声器	28	加注黄油
13	分装及安装蝶阀	29	安装转向油罐及连接油管
14	安装中冷器出气管	30	产品件扫描
15	连接中冷器进气管	31	连接 SCR 管路、线束
16	安装发动机机油尺及固定油门拉索		

表 7-12 总装线第 8 工位工艺流程

序号	工序名称	序号	工序名称
1	加注防冻液、转向液压油	16	安装七孔插座及连接线束
2	安装轮胎	17	连接脚油门、手油门
3	吊装驾驶室及固定	18	安装下踏板及小支架
4	安装备胎	19	安装保险杠支架及大灯支架
5	连接空调管路及压缩机线束	20	检查变速箱油
6	连接转向轴	21	安装保险杠分装总成
7	分装及安装侧标志灯支架及侧标志灯	22	连接变速箱操纵软轴及连接高低挡气管
8	安装前轴挡泥板	23	插接固定灯线及侧标志灯线束
9	安装驾驶室举升撑条	24	捆扎电瓶箱线束
10	安装驾驶室举升油缸、连接油管	25	安装电瓶箱盖
11	加注液压油、连接举升缸及翻转驾驶室	26	安装走台板或格栅
12	连接固定制动管路	27	连接尿素箱及发动机加热水管
13	分装及安装暖风水管	28	扫描产品件
14	连接变速箱线束及里程表线束	29	安装后整体式挡泥板支架
15	连接驾驶室线束及安装盒盖		

表 7-13　总装线第 9 工位工艺流程

序号	工序名称	序号	工序名称
1	提车下线	12	加注尿素
2	加注离合器油	13	转向器行程限位阀的调整
3	安装后尾灯支架、连接线束	14	调整驾驶室锁紧机构、调整驾驶室后悬置
4	启动发动机、检查发动机油、调节怠速		
5	固紧踏板	15	安装副驾驶侧仪表台下护面总成
6	打分室	16	检查制动和离合系统
7	检查及排除三漏	17	加注洗涤液
8	落驾驶室	18	发动机泵油
9	安装油箱盖	19	分装及安装后轮罩
10	录入整车档案、检查扫描信息、EOL 标定	20	空调充氟
		21	整车补漆
11	补加转向油	22	扫描产品件

③ 发动机分装线工艺流程设计　发动机分装线工艺流程如表 7-14 所示。

表 7-14　发动机分装线工艺流程

序号	工序名称	序号	工序名称
1	分装转向器	15	安装发动机隔热板
2	分装散热器、中冷器、冷凝器、防虫网	16	安装变速箱上支架
3	分装牵引鞍座	17	松装离合器从动盘、压盘
4	发动机配置确认	18	紧固离合器压盘
5	吊运发动机上线	19	分装前置消声器及立式消声器
6	安装发动机支撑托架	20	安装变速箱双头螺栓及紧固螺母
7	吊装发动机上循环线	21	安装变速箱分离轴承、安装变速箱
8	加注发动机油及变速箱油	22	变速箱上安装气管接头
9	分装及安装转向助力叶片泵及接头管路	23	安装散热器进、出水胶管及支架
10	安装下水管支架	24	分装换挡软轴
11	安装压缩机及空调管路	25	安装换挡软轴
12	分装及安装空压机出气管	26	拆装发动机风扇
13	分装及安装加速装置	27	安装变速箱操纵软轴
14	产品件扫描	28	安装 D12 进气管或 EGR 线束

新设计的重卡装配线工艺布局与旧装配线对比分析如表 7-15 所示。

表 7-15　新设计的重卡装配线工艺布局与旧装配线对比分析

对比对象	旧的工艺布局	新的工艺布局	对比分析
工艺布局	内饰和总装在两个厂区内饰线直线性布置,分布在车间的北侧,底盘线 U 形布置分布在车间的南侧	总装车间的南侧为车架联合厂房,东北侧为发动机分装车间,各生产线基本平行布置,便于线边物流	工艺装备成本降低,利于生产管理,利于调高柔性化
车架生产与总装的关系	车架靠运输车辆送到总装车间	车架预装、车架铆焊和涂装布置在一个联合厂房内	车架生产与车架预装相邻,提高了生产效率
分装线设置	设发动机分装线	设发动机分装线和车架分装线	采用模块化装配,减轻主线负荷

7.2.2　重卡装配生产线调度

　　某卡车企业主要装配生产线全长 396m,主要由一条 U 形整车装配线和两条预装线组成,年设计能力达到 3 万辆;共有 11 个生产班组(图 7-3),3 个辅助班组;共有 28 个工位,6 个质量控制点工序,1 个 AUDIT 评审工序,3 个质量检查门,整个分部布局合理,分配均匀。目前节拍稳定在 4～5min。

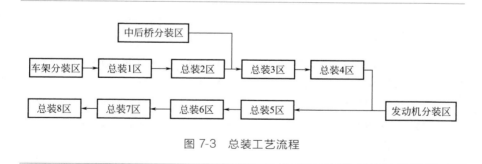

图 7-3　总装工艺流程

　　装配现场分部主要承担某车型的牵引车、自卸车、载货车、水泥搅车型,目前是某卡车企业最先进的装配生产流水线,年设计能力实现了多品种、多车型的混线装配,是一条标准化程度较高的柔性装配生产线。

　　南线共有 5 个班组,10 个工位,4 个分装工位。其中有 1 个质量控制点,1 个质量检查门。承担着车辆的车架分装以及电瓶箱体、电气阀类、制动系统、前后悬架、传动轴、前后桥等安装工作。

北线共有 6 个班组，18 个工位，包括 AUDIT 评审工序、5 个质量控制点、2 个质量检查门。承担车辆的线束铺设，转向系统的安装，发动机吊装、燃油箱安装、驾驶室吊装，发动机进气、排气与冷却系统的安装，功能项调整、整车下线等工作。

重卡柔性生产线有以下几个调度特点。

① 非抢先式生产　所谓非抢先式生产是指当某个产品的某道工序在某个设备上生产时，不能因为其他产品这道工序的生产而暂时中断此产品工序的生产。所以重卡企业应掌握生产计划，并严格按照生产计划组织和执行生产。

② 物料平衡性　所谓物料平衡性就是生产调度所调度的全部物料在整个生产流程中必须满足物料平衡。因此要求重卡企业生产调度系统时刻监控各个车间的供应能力和生产能力。

③ 资源限制性　重卡企业生产资源即设备的数量、装配能力、存储能力，生产的零件及装配过程的装配体都是有一定的使用限制范围的。

④ 时间限制性　重卡企业需要根据订单来决定生产，那么所输出的产品也同样要求符合所规定的输出时间，也就是符合规定的交货期，才能达到客户满意度。

由生产线调度理论可知，生产调度是一个宏观的概念，其包含很多方面。结合重卡柔性生产线实际生产情况，分析得出以下两个研究目标。

① 生产计划优化　重卡企业一般按照同一车型同批装配，制订生产计划，即装配完成一种车型的所有订单再装配完成另一种车型。考虑装配车型转换需要对生产设备进行调整或者重新布置产生的成本，考虑车间柔性化程度的提高，生产线的转化成本已有了较大减少，故本研究对生产线的生产转化成本为固定的较小值，即可以忽略装配转化成本。因此可以通过优化生产计划，即不同车型混合装配，减小装配总用时，提高柔性装配生产线的生产效率。

② 装配线布置合理化　现有生产线由于装配工序繁多、零件及设备较多，人员、物流流通较大，故装配线布置合理化有利于合理有效地利用面积。由上述装配线设计原则可知，有效利用面积可以缩短工人所走的路程及物流线调度的时间。但实际生产线普遍存在布置不合理、装配设备及零件随意摆放的现象。而生产线是长时间不间断工作的，现场安排及更改布置会耗费大量生产时间，利用仿真技术可以预先对装配线进行仿真模拟，进而快速对装配线进行布置。

7.3 重卡柔性装配生产线数学模型

　　对于重卡柔性装配生产线调度优化问题，由于生产线调度优化包括很多方面，这里选取生产计划的合理排序问题和合理优化装配线布置问题这两方面进行建模和仿真，对两个问题的求解均可对生产线进行优化。生产线的布置优化，需要先确定生产计划排序。故生产优化时需要先进行生产计划优化以确定生产计划排序，然后再进行生产线的布置优化。当然，也可以根据实际生产情况只优化其中之一，即只进行生产计划的合理排序，或者不改变原有的生产计划只进行生产线的布置优化。

　　生产线调度属于目标优化问题，主要考虑最短的生产完成时间、最小化延期完成订单时间等时间目标。本文以最短的生产完成时间为性能指标，目标函数 F 为

$$F = \mathrm{Min}C_{\max} \tag{7-4}$$

　　对于生产计划的合理排序问题，结合生产线实际情况，给定如下约束条件。

　　a. 由于重卡企业会根据经验制订工时表，故假定车型 M_j 在工位 C_i 上装配的时间 P_{ij} 已知且为定值，其中 M_j 为第 j 种车型，$M = \{M_1, M_2, \cdots, M_n\}$；$C_i$ 为第 i 个工位，$C = \{C_1, C_2, \cdots, C_m\}$；$P_{ij}$ 为车型 M_j 在工位 C_i 上需要装配的时间。

　　b. 由于重卡柔性装配生产线工序确定且难以变动，故作业排序应符合工艺性约束，即假定各个加工工序保持固定的先后顺序（即各个加工工序顺序不变），且前一项工序完成后，后一项工序才能开始装配。

　　c. 由于重卡柔性装配生产线车体及部分重要零部件由轨道运送且很多加工设备只针对一个工位的装配，故应符合机器约束，即假定一个工位只对应一个装配任务。该工位完成一个车辆的装配任务后，再开始下一个车辆的装配任务（即每个工位只能加工一个车辆，不能同时加工两个）。

　　d. 由于重卡柔性装配生产线的装配工艺复杂，故假设各个工位在给指定车型装配时的工序都是事先给定好的，不能随意改变。

　　结合重卡柔性装配生产线调度的实际情况，生产计划合理排序问题的目标函数 F_q 为

$$F_q = \mathrm{Min}\{T_{J_q}\} \tag{7-5}$$

式中　　J_q——第 q 种装配顺序；

T_{Jq}——第 q 种装配顺序的总用时。

对于合理优化装配线布置问题，给定如下约束条件。

a. 由于重卡柔性装配生产线车体及部分重要零部件由轨道运送，而提供动力的电动机的转速一定，故假设装配生产线的物流运输速度为定值。

b. 由于重卡柔性装配生产线中的某些设备的位置难以移动，故将总的空间去除不可移动设备的空间，所剩空间称为可分配空间。设可分配的总空间大小为 V 且一定，设备区 s 的空间大小为 V_s，装配生产线 k 的空间大小为 V_k，满足：

$$V = \sum_{s=1}^{s} V_s + \sum_{k=1}^{k} V_k \tag{7-6}$$

结合约束条件及前述分析得出对于合理优化装配线布置问题的目标函数 F_t 为

$$F_t = \text{Min} \sum_{k=1}^{k} T_k \tag{7-7}$$

式中　T_k——装配生产线 k 的调度时间。

对生产计划的合理排序问题，分析装配顺序，装配调度顺序的集合为

$$J_q = \{Q_{j_1 k_1}, Q_{j_1 k_2}, \cdots, Q_{j_1 k_{n_{j_1}}}, Q_{j_2 k_1}, \cdots, Q_{j_n k_n j_n}\} \tag{7-8}$$

式中　Q_{jk}——第 k 个 M_j 车型开始进行装配；

n——需要装配的车型数；

n_j——需要装配车型 M_j 的个数。

调度的总车辆数（即每个车型数量的总和）为

$$N = n_1 + n_2 + \cdots + n_n \tag{7-9}$$

其中包含的元素个数（即调度序列的个数）为

$$S = C_S^{n_1} C_{S-n_1}^{n_2} C_{S-(n_1+n_2)}^{n_3} \cdots C_{S-(n_1+n_2+\cdots+n_{n-1})}^{n_n} = \prod_{i=1}^{n} C_{S-\sum_{j=1}^{n-1} n_j}^{n_i} \tag{7-10}$$

目标函数 F_q 的求解就是从 J_q 中求得一种或者多种调度序列，使生产完成时间 T_{Jq} 最短。

对合理优化装配线布置问题，定义位置序列 H_p 为

$$H_p = \{O_1, O_2, \cdots, O_w\} \tag{7-11}$$

式中　O_w——设备或货架 w 的摆放位置。

通过不断实验得到最优的位置序列，使装配生产线 k 调度时间 T_k 缩短，得到最优解 F_t。

综合上述两类最优解，为了进一步用较少的数学计算得到理想目标解，下面对各种算法进行讨论研究。这里需要用到优化算法来解决上述调度优化问题。常见的优化方法有以下几种。

① 启发式算法　启发式算法受数学规划法的限制。这种方法主要基于某些信息或规则启发对其计算和推理，从而解出最优解或近似最优解。其特点是：计算量小，接近于现实，能应用于动态调度优化系统。可以分为三个类别：简单规则、复杂规则和启发式规则。简单规则有先进先出规则、最短加工时间规则、最早交付规则等经典规则。其他规则其实是简单规则的多次组合或加权组合。

② 仿真法　仿真法的应用是测试启发式算法和调度规则的第一种工具。然后，通过组合使用简单优化规则，或与简单优先规则组合使用启发式规则，组合优化优于简单优先级规则。因此，仿真法是人机交互的一种灵活方式。

③ 人工神经网络算法　人工神经网络算法是通过模仿动物神经网络行为特点，进行分布式并行信息处理的数学模型。人工神经网络是多数量、相互关联的、简单的单元的网络系统。人工神经网络并不是人脑神经网络系统的真实写照，它只是将人脑思维逻辑形象化的一种简化版。

④ 蚁群算法　蚁群算法是根据生物界蚂蚁群居寻找食物的过程创造的。蚂蚁找食并不是通过蚂蚁之间直接接触进行交流信息，而是将信息散布在环境之中，其他蚂蚁通过环境中信息量的多少来进行判断并寻找路径，这样就形成了信息引导路径，越短的路径信息量越大。它的特点就是通过反馈、分布式协助找到最优路径，其所得的解具有有效性和实用性。

⑤ 遗传算法　遗传算法是模拟达尔文生物进化论的自然选择和遗传学机理的生物进化过程的计算模型，是一种通过模拟自然进化过程搜索最优解的方法。遗传算法的特点是：搜索时不只是局部最优，还有着优秀的全局搜索性能；有固定的并行性，可以做大规模的并行分布式处理；容易结合其他技术，形成性能更好的解决问题的方法。

⑥ 组合优化方法　由于各种优化算法都存在不同优缺点，在此基础上，人们进一步将各类优化算法组合，并慢慢成为热点。这种组合可以改进各种优化方法的缺点，并再次进行优化，从而达到最优调度。现在，这种组合调度方法已经成为一种最有效的生产线调度优化方法。

为了更明显地表示各类优化方法的优缺点，列出如表7-16所示的优化方法对比。

表 7-16　优化方法对比

种类	优点	缺点
启发式算法	计算量小,动态调度优化,速度快	表现不稳定,依赖于实际问题
仿真法	易于人机交互	精度不易保证
人工神经网络算法	具有很强的非线性拟合能力	需要足够充分的数据
蚁群算法	具有很强的鲁棒性和搜索较好解的能力	求解速度慢
遗传算法	过程简单,具有可扩展性	对初始种群的选择有一定依赖
组合优化方法	改进各种优化方法的缺点,并再次进行优化,达到最优	算法复杂,计算量大

　　分析生产计划的合理排序、合理优化装配线布置求解过程,发现解的共同特征为空间较大,且为离散序列。经过分析与比较,选择遗传算法与仿真法相结合的组合优化方法来解决重卡生产线调度优化问题为最佳。利用 Plant Simulation 软件进行计算机仿真,为生产计划的合理排序、合理优化装配线布置求解提供了一种可行的思路。

7.4　基于遗传算法的生产调度优化

7.4.1　遗传算子的设计

　　遗传操作是模拟生物基因遗传的做法。在遗传算法中,通过编码组成初始群体后,遗传操作的任务就是对群体的个体按照它们对环境适应度(适应度评估)施加一定的操作,从而实现优胜劣汰的进化过程。从优化搜索的角度而言,遗传操作可使问题的解一代又一代优化,并逼近最优解。

　　个体遗传算子的操作都是在随机扰动情况下进行的。因此,群体中个体向最优解迁移的规则是随机的。需要强调的是,这种随机化操作和传统的随机搜索方法是有区别的。遗传操作进行高效的有向搜索,而不是如一般随机搜索方法进行无向搜索。适应度越大的个体,被选择的可能性就越大。选择的遗传算子有以下 3 个。

　　(1) 变异算子

　　变异算子随机改变单个基因。对于任务分配,变异算子随机地从分配集合中确定一个值，或者从定义的间隔中选择，然后分配给所选择的基因。对于序列任务，变异算子交换两个随机选择的基因。变异算子工作原理如图 7-4 所示。

（2）反转算子

对于顺序和选择任务，反转算子首先选择随机反转范围，然后反转该范围内的基因序列。反转算子工作原理如图 7-5 所示。

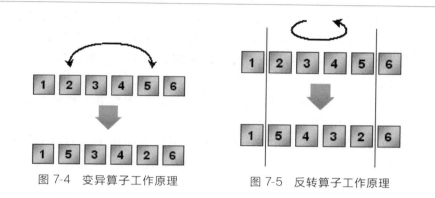

图 7-4　变异算子工作原理　　　　图 7-5　反转算子工作原理

（3）交叉算子

与变异算子和反转算子不同，交叉算子被应用于两条染色体。它们在这两者之间进行项目交换。首先选择两个随机交叉点，然后交换这两个点之间的范围。交叉算子工作原理如图 7-6 所示。

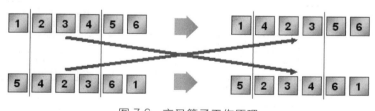

图 7-6　交叉算子工作原理

使用交叉算法可以得到较好的解决方案，因为存在最优解的范围被保留的可能性很高，因此在优化仿真中将多次使用。

7.4.2　基于 Plant Simulation 的遗传算法求解

a. 对生产计划的合理排序问题，可以利用 Plant Simulation 软件中的遗传算法模块进行求解。遗传算法是一种基于生物自然选择与遗传机理的随机搜索方法，尤其适用于处理采用传统搜索方法难以解决的复杂和非线性问题。Plant Simulation 软件中的遗传算法工具 GAwizard 采用的遗传算子主要包括变异算子、反转算子和交叉算子。在建立生产线仿真模型的基础上，利用遗传算法，求解生产计划的合理排序问题的基本流程如图 7-7 所示。

首先给定生产计划并对其进行编码得到初始序列 J_0；然后定义优化方向为最小值，世代数为 r，最大值为 R；接着通过循环进行遗传算子及仿真得到各群体序列的总用时 T_{Jq}，直到达到指定的最大世代数 R 为止；最后比较所有的序列，得到 T_{Jq} 最小的序列即为最优解 F_q。

b. 对于合理优化装配线布置问题，应用穷举法和软件仿真实验进行求解。给定工人的工作安排及工作区域，确定可移动货架及设备的可摆放位置，通过软件实验方法得到不同位置序列 H_p 的加工所用时间，比较得到最短时间对应的位置序列即为最优解 F_t。装配线布置求解流程如图 7-8 所示。

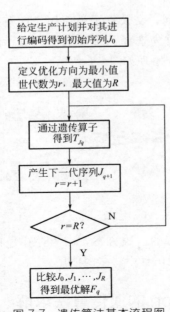

图 7-7　遗传算法基本流程图

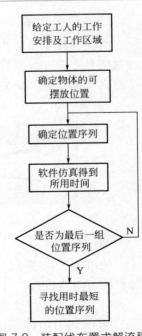

图 7-8　装配线布置求解流程图

　　在 Plant Simulation 软件中利用"工人池"工具设定工人数量、工作位置和加工任务等,在"出行方式"选择"在区域内自由移动",使工人在避开障碍物前提下选择最短路径。在 3D 状态下显示实体"禁止区域",可以准确地得到工件摆放位置,在"事件控制器"中查看仿真时间。

第8章

装配生产线
调度仿真

以重卡柔性生产线的调度系统为研究对象，针对现有重卡柔性生产线装配效率的提高及合理优化装配线布置这一问题，通过改善重卡柔性生产线生产计划提高生产线生产效率以及应用 Plant Simulation 软件对生产线进行仿真模拟。在数据采集与处理的基础上优化生产计划顺序时，首先对现有生产线简化并进行数学建模，然后通过分析得出应用遗传算法实现对生产计划顺序的重新调配及排序，最后利用 Plant Simulation 软件进行遗传算法仿真。合理化工厂布置规划，通过设计和改进现有生产线结构，利用 SolidWorks 软件进行 3D 建模，并利用 Plant Simulation 软件进行 3D 仿真，实现生产线的合理布置，提高生产效率，有效利用有限的工厂面积。

8.1　仿真理论

8.1.1　仿真的概念

仿真是利用模型复现实际系统中发生的本质过程，并通过对系统模型的实验来研究存在的或设计中的系统，又称模拟。VDI（Verein Deutscher Ingenieure，德国工程师协会）将仿真定义为在一个模型中进行实验的系统，包括其动态过程。它旨在更好地将设计成果转移到实际工厂之中。进行仿真的一般步骤为：首先调研要建模工厂的实际生产状况，并收集创建仿真模型所需的数据；然后对实际工厂进行抽象化建模；之后在仿真模型中运行实验，即执行仿真运行，并得到仿真结果；最后进行数据分析并得出最终方案，把所得结果作为优化实际工厂的重要依据。

仿真的意义主要有以下几点：提高现有生产设备的生产效率；减少规划新生产设施的投资；减少库存和吞吐时间；优化系统维度，包括缓冲区大小；通过早期的概念证明来降低投资风险；最大限度地利用制造资源；改进线路设计和时间表。

3D 仿真对调整优化生产加工区，合理安排工厂布置，规范、优化调整工作区的物流、人流通道具有重要意义。按照系统模型的不同，系统仿真主要分为物理仿真和数学仿真。根据所研究的系统性质不同，系统仿真分为三种类型，如离散型、连续型、离散-连续复合型。其中连续型仿真是指系统状态随时间连续状态变化的情况，如多数工程系统，机电、化工、电力等系统都属于这类系统，连续型仿真则是指系统状态变化是离散的，多数非工程系统（如管理、交通、经济）都属于离散事件系统；而离散-连续复合型是两者兼有。在某些情况下对于同样的系统，既可以采用离散性变化（即突然变化）的模型进行仿真，也可以采用连续性变化（即光滑变化）的模型进行仿真。通常，仿真时间是系统仿真的主要自变量，其他的变量为因变量（因变量是仿真时间的函数）。

系统仿真的类型往往与因变量的特点有关。

① 离散型仿真　在离散型仿真中，因变量在与事件时间相关的具体仿真时间点呈离散性时间变化。而仿真时间可以是连续性的或是离散性的，这取决于因变量的离散性变化可在任何时间点发生或仅能在某些特殊时间点发生。为了维护保障系统，可以采用离散型仿真进行研究。

② 连续型仿真　在连续型仿真中，因变量随仿真时间呈连续性变化。同样的，仿真时间可以是连续性的，也可以是离散性的。

③ 复合型仿真　在复合型仿真中，因变量可以作连续性变化及离散性变化，或者作连续性变化并具有离散性突变。它的自变量——仿真时间可以是连续性的或是离散性的。在维修供应品储供系统中，为了满足维修需求的耗用，库存量随着时间作连续性变化减少。当进行库存补充时，库存量离散性增加，其增量等于库存项目的订货批量。

8.1.2　离散事件系统仿真步骤

① 数据收集　数据收集的对象是仿真建模需要的相关数据。仿真建模的过程是一个从简单到详细的渐进过程，每个阶段都需要收集、整理有关数据。这些数据大多是仿真模型中各种实体的属性，如生产工艺、生产设备、搬运设备、设施布置、装配时间等。

② 仿真要素的抽象　仿真模型是根据仿真分析目标的要求对实际系统的一种简化。简化包含合理取舍与整合。将与研究目标不相关的部分去掉，相关性较小的部分则简化，相关性大的部分则尽可能保持实际系统原状。

③ 仿真系统建模　仿真系统建模就是将仿真概念模型转化为计算机能够存储、识别和处理的计算机模型。可以采用专门的仿真建模语言如 GPSS/H 或普通的计算机语言如 C、Pascal 等，而更多的是利用专门的建模仿真工具如 Plant Simulation 等。

④ 仿真模型检验 仿真模型检验分为两步进行：首先检验仿真模型本身是否存在逻辑错误，检查程序的语法、控制结构、输入参数等是否正确；然后检验仿真模型与相应实际系统的特性是否符合。

⑤ 运行仿真模型 在计算机上运行建立好的仿真模型，了解运行过程中不同输入的情况对输出的影响。

⑥ 仿真结果分析 仿真结果分析用于确定仿真结果的可信度和精度、整理仿真结果以及确定实验结果和数据的评价标准，为决策的制定提供参考依据。离散事件系统仿真的一般步骤如图 8-1 所示。

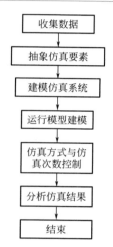

图 8-1 离散事件系统仿真的一般步骤

8.2 数据的采集与处理

在建模仿真过程中，数据采集是一个重要环节。一个车间内部的数据类型主要包括产品、产量、工艺流程、服务、时间五种类型，这也是进行建模仿真的基本数据需求。考虑本次研究的优化问题是时间，故采集某卡车企业装配车间所装配车型的工时表，表中既可以得到各个车型的加工时间，也可以得到工艺工序，为仿真提供实际生产数据。在实际生产中，除了班组内部和吊装工序可以实现灵活调动外，各工位不能出现较大变动，避免出现工序交叉、工序颠倒的问题。对工序进行模块化处理，工时表如表 8-1～表 8-11 所示。

表 8-1　车架分装工时表　　　　　　　单位：min

班组	序号	工序	参考车型	4×2			6×4				8×4			6×2	
				N58	K38	S35	K38	S32	043	B40	046	k46	B36	S25	S32
车架分装	1	安装前牵引钩座	五岗	5	5	5	5	5	5	5	5	5	5	5	5
	2	松装方向机螺栓		2	2	2	2	2	2	2	2	2	2	2	2
	3	安装举升缸支撑轴		3	3	3	3	3	3	3	3	3	3	3	3
	4	安装驾驶室左、右前支架		12	12	12	12	12	12	12	12	12	12	12	12
	5	安装发动机前支撑		5	5	5	5	5	5	5	5	5	5	5	5
	6	安装前稳定杆或前横梁		6	6	6	6	6	6	6	6	6	6	6	6
		小计		33	33	33	33	33	33	33	33	33	33	33	33
	7	安装保险杠支架或前置消声器吊架		4	4	4	4	4	4	4	5	5	5	4	4
	8	前防护支架		8	8	8	8	8	8	8	8	8	8	8	8
	9	安装前簧左、右后支架吊耳		11	11	6	11	6	11	11	10	10	10	0	10
	10	分装及安装氮氧传感器		6	6	6	6	6	6	6	6	6	6	6	6
	11	安装垂臂支板总成									5	5	5	12	
	12	安装穿线护套及嵌条		10	10	10	10	10	10	10	10	10	10	10	10
		小计		39	39	34	39	34	39	39	44	44	44	40	38
	13	安装底盘管路（含制动管路、水管、钢管）		60	60	60	60	60	60	60	70	70	70	75	70
	14	安装前桥继动阀		0	0	0	0	0	0	0	6	6	6	6	0
	15	安装 ABS 阀总成及适配阀		7	7	7	7	7	7	7	7	7	7	7	7
	16	安装挂车阀		0	0	6	0	6	0	0	0	0	0	6	0
	17	安装后桥继动阀		6	6	6	6	6	6	6	6	6	6	6	6
	18	安装各类管路支架及过板直通接头		12	12	12	12	12	12	12	12	12	12	12	12
		小计		85	85	91	79	85	79	79	95	95	95	112	95
	19	安装排气管支架		0	0	0	0	0	0	0	4	4	4	4	0
	20	吊装平衡轴松装总成		0	0	0	7	7	7	7	7	7	7	0	0
	21	安装平衡轴总成（松装、紧固、复紧）		0	0	0	40	40	40	40	40	40	40	0	0

第8章 装配生产线调度仿真

续表

班组	序号	工序	参考车型	4×2			6×4				8×4			6×2	
				N58	K38	S35	K38	S32	043	B40	046	k46	B36	S25	S32
车架分装	22	分装及安装电磁阀总成	五岗	10	10	10	10	10	10	10	10	10	10	10	10
	23	安装后桥限位块		3	3	3	8	8	8	8	8	8	8	3	3
	24	安装导向板总成		0	0	0	10	7	7	10	7	10	10	0	0
		小计		13	13	13	75	72	72	75	75	79	79	17	13
	25	安装二位五通阀及双向单通阀		2	2	2	2	2	2	2	2	2	2	2	2
	26	安装后簧前支架		6	6	6	0	0	0	0	0	0	0	10	10
	27	安装后簧后支架		6	6	6	0	0	0	0	0	0	0	10	10
	28	安装后挡泥板支架		0	0	9	0	12	0	0	0	0	0	9	12
	29	产品件扫描		8	8	8	8	8	8	8	8	8	8	8	8
				22	22	31	10	22	10	10	10	10	10	39	32
		调整后：五岗合计		192	192	202	236	246	233	236	258	261	261	241	211

表 8-2　总装 1 工时表　　　　　单位：min

班组	序号	工序	参考车型	4×2			6×4				8×4			6×2	
				N58	K38	S35	K38	S32	043	B40	046	k46	B36	S25	S32
总装1	1	安装侧置备胎架	五岗	6	0	0	0	0	0	0	6	6	0	0	0
	2	点击上线打印随车单、粘贴底盘		9	9	9	9	9	9	9	9	9	9	9	9
	3	安装横梁总成（托架及元宝梁）		16	16	0	16	6	16	16	18	18	18	6	16
	4	安装前桥限位块		8	8	12	8	12	8	8	16	16	16	16	12
	5	安装减振器上支架		8	8	12	8	12	8	8	16	16	16	16	12
		小计		47	41	33	41	39	41	41	65	65	59	47	49
	6	安装前簧左、右后支架		0	0	12	0	12	0	0	20	20	20	18	12
	7	分装及安装支架筒		16	16	16	16	16	16	16	16	16	16	16	16
	8	分装小瓦筒及5L筒		14	11	11	11	11	14	14	14	14	14	11	11
	9	安装小瓦筒及5L筒		11	8	8	8	8	11	11	11	11	11	11	11
	10	吊装及安装电瓶箱分装总成并复紧螺栓		20	20	20	20	20	20	20	20	20	20	20	20
		小计		61	55	67	55	67	61	61	81	81	81	76	70
	11	产品件扫描		6	6	6	6	6	6	6	8	8	8	6	6
	12	分装及安装四回路保护阀		7	7	7	7	7	7	7	7	7	7	7	7
	13	安装钢管固定支架		5	5	5	5	5	5	5	5	5	5	5	5
	14	安装排气管支架或管线束护套		2	2	2	2	2	2	2	2	2	2	2	2
		小计		20	20	20	20	20	20	20	22	22	22	20	20
		调整后：五岗合计		128	116	120	116	126	122	122	166	168	162	143	139

表 8-3　总装 2 工时表　　　　单位：min

班组	序号	工序	参考车型	4×2			6×4				8×4			6×2	
				N58	K38	S35	K38	S32	043	B40	046	k46	B36	S25	S32
总装2	1	安装继动阀		8	8	8	8	8	8	8	8	8	8	8	8
	2	连接捆扎四回路阀及储气筒管路		23	23	25	23	25	23	23	25	25	25	23	23
	3	连接固定支架筒处管路		12	12	12	12	12	12	12	12	12	12	12	12
	4	铺设中、后桥差速锁管路		5	5	5	5	5	5	5	5	5	5	5	5
	5	连接固定中、后桥继动阀处管路		18	18	18	18	18	18	18	18	18	18	18	18
		小计		66	66	68	66	68	66	66	68	68	68	66	66
	6	安装发动机左、右后支架		15	15	15	15	15	15	15	15	15	15	15	15
	7	安装空滤器左、右支架		13	13	13	13	13	13	13	13	13	13	13	13
	8	安装支撑角板		10	0	0	0	0	10	0	14	14	14	10	0
	9	安装黄油嘴、锁紧板簧销锁		12	12	6	12	6	12	6	18	18	18	18	12
	10	分装传动轴	五岗	15	0	0	0	0	15	0	20	20	20	15	0
		小计		65	40	34	40	34	65	40	80	80	80	71	40
	11	吊装传动轴		4	4	4	4	4	4	4	6	6	6	6	4
	12	吊装及安装前轴总成		20	20	20	20	20	20	20	35	35	35	35	18
	13	分装及安装转向阻尼减振器		0	0	0	0	0	0	0	12	12	12	12	0
	14	分装及安装前稳定杆总成		30	30	30	30	30	30	30	30	30	30	30	30
	15	安装后稳定杆托架		14	14	14	14	14	14	14	14	14	14	14	14
		小计		68	68	68	68	68	68	68	97	97	97	97	66
	16	安装后拖钩		9	8	3	11	3	11	11	11	11	11	3	3
	17	产品件扫描		8	8	8	8	8	8	8	8	8	8	8	8
	18	分装及安装空压机钢管		16	16	16	16	16	16	16	16	16	16	16	16
	19	紧固前板簧夹板螺栓		0	0	18	0	18	0	0	0	0	0	18	0
		小计		33	33	45	35	45	35	35	35	35	35	45	27
		调整后：五岗合计		232	207	215	209	215	234	209	280	280	280	279	199

表 8-4　中后桥分装工时表　　　　　　单位：min

班组	序号	工序	参考车型	4×2			6×4				8×4			6×2	
				N58	K38	S36	K38	S32	043	B40	046	k46	B36	S25	S32
中后桥分装	1	分装中桥制动分室	五岗	0	0	0	8	8	8	8	8	8	8	0	8
	2	分装后桥制动分室		8	8	8	8	8	8	8	8	8	8	8	8
	3	分装中桥橡胶支座		15	15	15	15	15	15	15	15	15	15	15	15
	4	分装后桥橡胶支座		15	15	15	15	15	15	15	15	15	15	15	15
		调整后：五岗合计		38	38	38	46	46	46	46	46	46	46	44	46

表 8-5　总装 3 工时表　　　　　　单位：min

班组	序号	工序	参考车型	4×2			6×4				8×4			6×2	
				N58	K38	S36	K38	S32	043	B40	046	k46	B36	S25	S32
总装3	1	连接中桥传动轴	五岗	12	12	12	12	12	12	12	12	12	12	12	12
	2	连接中、后桥传动轴		0	0	0	12	12	12	12	12	12	12	0	12
	3	安装中、后桥板簧夹板		6	6	6	6	6	6	6	6	6	6	6	6
	4	紧固下推力杆螺栓		18	18	18	18	18	18	18	18	18	18	0	0
		小计		36	36	18	48	48	48	48	48	48	48	18	30
	5	紧固前桥 U 形螺栓		12	12	12	12	12	12	12	24	24	24	24	12
	6	安装进气道支架		5	5	5	5	5	5	5	5	5	5	5	5
	7	安装后稳定杆		16	16	16	16	16	16	16	16	16	16	16	16
	8	加注黄油		11	11	11	11	11	11	11	13	13	13	13	11
		小计		44	44	44	44	44	44	44	58	58	58	58	44
	9	翻转摆渡车架并互检螺栓、推力杆		22	22	22	22	22	22	22	22	22	22	22	22
	10	紧固前桥中心螺栓		5	5	5	5	5	5	5	10	10	10	10	5
	11	分装及安装减振器		15	0	15	0	0	0	0	0	0	0	15	0
	12	紧固后桥 U 形螺栓紧固及复紧		14	14	14	0	0	0	0	0	0	0	14	14
	13	安装前下防护总成		8	8	8	8	8	8	8	8	8	8	8	8
		小计		64	49	64	35	35	35	35	40	40	40	69	49
		调整后：五岗合计		144	129	126	127	127	127	127	146	146	146	145	123

表 8-6 总装 4 工时表 单位：min

班组	序号	工序	参考车型	4×2			6×4				8×4			6×2	
				N58	K38	S36	K38	S32	043	B40	046	k46	B36	S25	S32
总装4	1	安装发动机分装总成、紧固传动轴吊架	五岗	31	31	31	31	31	31	31	31	31	31	31	31
	2	连接电瓶箱内各类线束		12	12	12	12	12	12	12	12	12	12	12	12
	3	连接起动机线束及捆扎固定发动机线束		14	14	14	14	14	14	14	14	14	14	14	14
	4	安装及连接空压机软管		6	6	6	6	6	6	6	6	6	6	6	6
	5	阻尼减振器调整、固紧		0	0	0	0	0	0	0	4	4	4	4	0
		小计		63	63	63	63	63	63	63	67	67	67	67	63
	6	安装前制动分室及管路		8	8	8	8	8	8	8	16	16	16	16	8
	7	分装前制动分室及管路		3	3	3	3	3	3	3	3	3	3	3	3
	8	安装方向机与助力缸连接管路前部		0	0	0	0	0	0	0	12	12	12	12	0
	9	安装转向器油管路及支架		13	13	13	13	13	13	13	13	13	13	13	13
	10	安装连接发电机线束及穿装发动机线束		13	13	13	13	13	13	13	13	13	13	13	13
		小计		37	37	37	37	37	37	37	57	57	57	57	37
	11	固定换挡软轴、转子泵管路连接		12	12	12	12	12	12	12	12	12	12	12	12
	12	分装及安装中冷器进气管		5	5	5	5	5	5	5	5	5	5	5	5
	13	铺设燃油管路及连接发动机油管		11	11	11	11	11	11	11	13	13	13	13	11
	14	连接油箱管路		11	11	11	11	11	11	11	11	11	11	11	11
	15	安装双油箱换向阀及油管		5	0	0	0	5	0	5	5	0	0	0	5
		小计		44	39	39	39	44	39	44	48	43	43	43	44
	16	安装变速箱横梁或管梁		13	14	10	14	10	13	10	13	14	10	10	13
	17	分装及安装离合器助力缸		9	9	9	9	9	9	9	9	9	9	9	9
	18	安装离合器油管		3	3	3	3	3	3	3	3	3	3	3	3
	19	安装及连接尿素管路		13	13	13	13	13	13	13	13	13	13	13	13
	20	安装下进气管支架及进气管总成		8	0	8	0	8	8	8	8	0	8	8	8
		小计		46	39	43	39	43	46	43	46	39	43	43	46
	21	连接变速箱管路、理顺变速箱两侧		14	14	14	14	14	14	14	14	14	14	14	14
	22	安装散热器下水管		12	12	12	12	12	12	12	12	12	12	12	12
	23	拆装 TGA 前横梁		0	0	12	0	12	0	0	0	0	0	0	0
	24	扫描产品件		3	3	3	3	3	3	3	3	3	3	3	3
		小计		29	29	41	29	41	29	29	29	29	29	29	29
		调整后：五岗合计		219	207	223	207	228	213	216	245	233	237	237	219

表 8-7　总装 5 工时表　　　　　　　　　　　　单位：min

班组	序号	工序	参考车型	4×2			6×4				8×4			6×2	
				N58	K38	S36	K38	S32	043	B40	046	k46	B36	S25	S32
总装5	1	安装后桥限位块	五岗	0	0	0	8	8	8	8	8	8	8	0	0
	2	安装驾驶室后悬置支架分装总成		15	15	15	15	15	15	15	15	15	15	18	15
	3	安装前轮后翼子板支架		9	9	9	9	9	9	9	9	9	9	12	9
	4	紧固后簧压板及力矩		0	0	0	0	8	8	8	8	0	0	0	0
	5	安装中、后桥制动管路		16	16	16	13	13	13	13	13	13	13	18	13
	6	安装减振器		10	10	10	10	10	10	10	20	20	20	25	10
		小计		50	50	50	55	63	63	63	73	65	65	73	47
	7	安装发动机楔形支撑总成		6	6	6	6	6	6	6	6	6	6	6	6
	8	紧固后簧 U 形螺栓并检测力矩		0	0	0	22	22	22	22	22	22	22	0	0
	9	紧固 V 形双头螺栓及安装管路支架		3	3	3	11	11	11	11	11	11	11	3	3
	10	分装及安装液压手动油泵		6	6	6	6	6	6	6	6	6	6	6	6
	11	安装尿素箱		13	13	13	13	13	13	13	16	16	16	20	14
	12	安装起动机线束		11	11	11	11	11	11	11	11	11	11	18	11
		小计		39	39	39	69	69	69	69	72	72	72	53	40
	13	安装发动机前支撑		6	6	6	6	6	6	6	6	6	6	6	6
	14	铺设举升缸管路及连接		12	12	12	12	12	12	12	12	12	12	16	12
	15	安装保险杠拉板		6	6	6	6	6	6	6	6	6	6	6	6
	16	安装限位拉带支座		6	6	6	6	6	6	6	6	6	6	6	6
	17	安装油滤器支架总成		0	8	0	8	0	0	0	0	8	0	0	0
		小计		30	38	30	38	30	30	30	30	38	30	38	30
	18	安装柄杆、摆臂总成		0	0	0	0	0	0	0	0	8	8	11	0
	19	安装轴座总成		0	0	0	0	0	0	0	0	8	8	11	0
	20	安装转向助力缸油管		0	0	0	0	0	0	0	0	8	8	11	0
	21	安装助力缸总成		0	0	0	0	0	0	0	11	11	11	11	0
	22	安装转向直拉杆		5	5	5	5	5	5	5	10	10	10	13	5
	23	安装燃油箱支架及加强板		11	11	11	11	11	11	11	11	11	11	11	11
		小计		16	16	16	16	16	16	16	56	56	56	68	16
	24	安装燃油箱总成		12	12	12	12	12	12	12	12	12	12	0	12
	25	布设、连接、固定各类线束		35	35	35	40	40	40	40	45	45	45	45	40
	26	连接固定前桥 ABS 线束		9	9	9	9	9	9	9	9	9	9	9	9
	27	连接中、后桥 ABS 线束及差速管路		22	22	22	22	22	22	22	23	23	23	23	23
	28	安装分线盒及线束插接		7	7	7	7	7	7	7	7	7	7	7	7
		小计		85	85	85	90	90	90	90	96	96	96	84	91
	29	连接 SCR 线束		6	6	6	6	6	6	6	6	6	6	6	6
	30	安装牵引座大板		0	0	0	0	38	0	0	0	0	0	0	0
	31	安装牵引座支撑弯板及横梁		0	0	0	0	36	0	0	0	0	0	0	0
	32	牵引座连接板		0	0	0	0	45	0	0	0	0	0	0	0
	33	产品件扫描		7	7	7	7	7	7	7	7	7	7	7	7
		小计		13	13	13	13	95	13	13	13	13	13	13	13
		调整后：五岗合计		233	241	233	281	363	281	281	340	340	332	329	237

表 8-8　总装 6 工时表　　　　　　　　　　　　　　单位：min

班组	序号	工序	参考车型	4×2			6×4				8×4			6×2	
				N58	K38	S36	K38	S32	043	B40	046	k46	B36	S25	S32
总装6	1	安装空滤器总成		13	13	13	13	13	13	13	13	13	13	13	13
	2	安装油浴式空气滤清器总成		0	16	0	16	0	0	0	0	16	0	0	0
	3	安装油滤器连接管及进气管		0	6	0	6	0	0	0	0	6	0	0	0
	4	安装空滤器进气管		11	13	11	13	11	11	11	11	13	11	11	11
	5	安装空滤器出气管		8	8	8	8	8	8	8	8	8	8	8	8
	6	分装及安装车下启动开关		5	5	5	5	5	5	5	5	5	5	5	5
		小计		37	61	37	61	37	37	37	37	61	37	37	37
	7	安装后置备胎架		12	0	0	12	0	12	12	12	0	12	0	0
	8	安装挂车装置及挂车接头		4	0	8	0	8	4	0	4	0	0	8	8
	9	安装消声器总成		12	12	12	12	12	12	12	12	12	12	12	12
	10	安装排气管路		15	15	15	15	15	15	15	18	18	18	18	13
	11	安装立式消声器或前置消声器		8	8	8	8	8	8	8	8	8	8	8	8
	12	分装及安装蝶阀		2	2	2	2	2	2	2	2	2	2	2	2
		小计		53	37	45	49	45	53	49	56	40	52	48	43
	13	安装中冷器出气管		7	7	7	7	7	7	7	7	7	7	7	7
	14	连接中冷器进气管		5	5	5	5	5	5	5	5	5	5	5	5
	15	安装发动机机油尺及固定油门拉索		5	5	5	5	5	5	5	5	5	5	5	5
	16	连接空调管路	五岗	2	2	2	2	2	2	2	2	2	2	2	2
	17	安装机油加注管及口盖		3	3	3	3	3	3	3	3	3	3	3	3
	18	安装蓄电池及连接电源线		14	14	14	14	14	14	14	14	14	14	14	14
		小计		36	36	36	36	36	36	36	36	36	36	36	36
	19	安装牵引鞍座		0	0	30	0	35	0	0	0	0	0	30	30
	20	连接鞍座连接板		0	0	0	0	4	0	0	0	0	0	0	0
	21	连接及固定膨胀水箱水管		12	12	12	12	12	12	12	12	12	12	12	12
	22	安装散热器分装总成及连接水管		16	16	16	16	16	16	16	16	16	16	16	16
	23	检查中、后桥齿轮油		5	5	5	9	9	9	9	9	9	9	5	5
	24	加注中、后桥轮边油		12	12	12	12	12	12	12	12	12	12	12	12
		小计		45	45	75	49	88	49	49	49	49	49	75	75
	25	分装前防钻（含油底壳保护栅、保护板）		6	6	6	6	6	6	6	6	6	6	6	6
	26	安装前防钻保护架分装总成及气喇叭		18	18	18	18	18	18	18	18	18	18	18	18
	27	加注黄油		9	9	9	9	9	9	9	9	9	9	9	9
	28	安装转向油罐及连接油管		14	14	14	14	14	14	14	14	14	14	14	14
	29	产品件扫描		8	8	8	8	8	8	8	8	8	8	8	8
	30	连接SCR管路、线束		14	14	14	14	14	14	14	14	14	14	14	14
		小计		69	69	69	69	69	69	69	69	69	69	69	69
		调整后：五岗合计		240	248	262	264	275	244	240	247	255	243	265	260

表 8-9 总装 7 工时表　　　　　　　　　单位：min

班组	序号	工序	参考车型	4×2			6×4					8×4		6×2	
				N58	K38	S36	K38	S32	043	B40	046	k46	B36	S25	S32
总装7	1	吊装驾驶室及固定		20	20	20	20	20	20	20	20	20	20	20	20
	2	安装备胎		20	15	15	15	15	20	20	20	15	20	15	15
	3	连接空调管路及压缩机线束		7	7	7	7	7	7	7	7	7	7	7	7
	4	连接转向轴		6	6	6	6	6	6	6	6	6	6	6	6
	5	分装及安装侧标志灯支架及侧标志		0	0	9	0	9	0	0	0	0	0	9	9
		小计		53	48	57	48	57	53	53	53	48	53	57	57
	6	安装前轴挡泥板		12	12	12	12	12	12	12	12	12	12	12	12
	7	安装驾驶室举升撑条		3	3	3	3	3	3	3	3	3	3	3	3
	8	安装驾驶室举升油缸、连接油管		7	7	7	7	7	7	7	7	7	7	7	7
	9	加注液压油、连接举升缸及翻转驾驶室		13	13	13	13	13	13	13	13	13	13	13	13
	10	连接固定制动管路		12	12	12	12	12	12	12	12	12	12	12	12
		小计		47	47	47	47	47	47	47	47	47	47	47	47
	11	分装及安装暖风水管		12	12	12	12	12	12	12	12	12	12	12	12
	12	连接变速箱线束及里程表线束		12	12	12	12	12	12	12	12	12	12	12	12
	13	连接驾驶室线束及安装盒盖	五岗	14	14	14	14	14	14	14	14	14	14	14	14
	14	安装七孔插座及连接线束		4	0	10	0	10	4	0	4	0	0	10	10
	15	连接脚油门、手油门		5	5	5	5	5	5	5	5	5	5	5	5
	16	安装下踏板及小支架		14	14	14	14	14	14	14	14	14	14	14	14
				61	57	67	57	67	61	57	61	57	57	67	67
	17	安装保险杠支架及大灯支架		6	6	6	6	6	6	6	6	6	6	6	6
	18	检查变速箱油		7	7	7	7	7	7	7	7	7	7	7	7
	19	安装保险杠分装总成		20	20	20	20	20	20	20	20	20	20	20	20
	20	连接变速箱操纵软轴及连接高低挡气管		14	14	14	14	14	14	14	14	14	14	14	14
	21	插接固定灯线及侧标志灯线束		7	7	13	7	13	7	7	7	7	7	13	13
		小计		54	54	60	54	60	54	54	54	54	54	60	60
	22	捆扎电瓶箱线束		2	2	2	2	2	2	2	2	2	2	2	2
	23	安装电瓶箱盖		2	2	2	2	2	2	2	2	2	2	2	2
	24	安装走台板或格栅		6	0	11	0	11	6	0	6	0	0	11	11
	25	连接尿素箱及发动机加热水管		13	13	13	13	13	13	13	13	13	13	13	13
	26	扫描产品件		4	4	4	4	4	4	4	4	4	4	4	4
	27	安装后整体式挡泥板支架		5	5	5	5	5	5	5	5	5	5	5	5
		小计		32	26	37	26	37	32	26	32	26	26	37	37
		调整后:五岗合计		247	232	268	232	268	247	237	247	232	237	268	268

表8-10　总装8工时表　　　　　单位：min

班组	序号	工序	参考车型	4×2			6×4				8×4			6×2	
				N58	K38	S35	K38	S32	043	B40	046	k46	B36	S25	S32
总装8	1	安装后尾灯支架、连接线束		12	12	12	12	12	12	12	12	12	12	12	12
	2	启动发动机、检查发动机油、调节怠速		6	6	6	6	6	6	6	6	6	6	6	6
	3	固紧踏板		4	4	4	4	4	4	4	4	4	4	4	4
	4	打分室		6	6	6	9	9	9	9	9	9	9	9	9
	5	检查及排除三漏		18	18	18	18	18	18	18	18	18	18	18	18
		小计		46	46	46	49	49	49	49	49	49	49	49	49
	6	落驾驶室		8	8	8	8	8	8	8	8	8	8	8	8
	7	安装油箱盖		1	1	1	1	1	1	1	1	1	1	1	1
	8	录入整车档案、检查扫描信息、EOL标定		31	31	31	31	31	31	31	31	31	31	31	31
	9	补加转向油		4	4	4	4	4	4	4	4	4	4	4	4
	10	加注尿素		5	5	5	5	5	5	5	5	5	5	5	5
		小计		49	49	49	49	49	49	49	49	49	49	49	49
	11	转向器行程限位阀的调整	五岗	5	5	5	5	5	5	5	5	5	5	5	5
	12	调整驾驶室锁紧机构、调整驾驶室后悬置		9	0	9	0	9	9	0	9	0	0	9	9
	13	安装副驾驶侧仪表台下护面总成		12	12	12	12	12	12	12	12	12	12	12	12
	14	检查制动和离合系统		2	2	2	2	2	2	2	2	2	2	2	2
	15	加注洗涤液		3	3	3	3	3	3	3	3	3	3	3	3
				31	22	31	22	31	31	22	31	22	22	31	31
	16	发动机泵油		3	3	3	3	3	3	3	3	3	3	3	3
	17	分装及安装后轮罩		0	0	12	0	0	0	0	0	0	0	18	14
	18	空调充氟		7	7	7	7	7	7	7	7	7	7	7	7
	19	整车补漆		4	4	4	5	5	5	5	5	5	5	5	5
	20	扫描产品件		2	2	2	2	2	2	2	2	2	2	2	2
		小计		16	16	28	17	29	17	17	17	17	17	35	31
		调整后：五岗合计		142	133	154	137	158	146	137	146	137	137	164	160

表 8-11 发动机分装工时表 单位：min

班组	序号	工序	参考车型	4×2			6×4				8×4			6×2	
				N58	K38	S35	K38	S32	043	B40	046	k46	B36	S25	S32
发动机分装	1	分装散热器、中冷器、冷凝器、防虫网	五岗	16	16	16	16	16	16	16	16	16	16	16	16
	2	分装牵引鞍座		0	0	13	0	13	0	0	0	0	0	13	13
	3	发动机配置确认		10	10	10	10	10	10	10	10	10	10	10	10
	4	吊运发动机上线、检查发动机及变速箱油、复紧变速箱		13	13	13	13	13	13	13	13	13	13	13	13
	5	安装发动机支撑托架		9	9	9	9	9	9	9	9	9	9	9	9
	6	吊装发动机上循环线		4	4	4	4	4	4	4	4	4	4	4	4
		小计		52	52	65	52	65	52	52	52	52	52	65	65
	7	加注发动机油及变速箱油		10	10	10	10	10	10	10	10	10	10	10	10
	8	分装及安装转向助力叶片泵及接头管路		13	13	13	13	13	13	13	13	13	13	13	13
	9	安装下水管支架		2	2	2	2	2	2	2	2	2	2	2	2
	10	安装压缩机及空调管路		12	12	12	12	12	12	12	12	12	12	12	12
	11	分装及安装空压机出气管		14	14	14	14	14	14	14	14	14	14	14	14
		小计		51	51	51	51	51	51	51	51	51	51	51	51
	12	分装及安装加速装置		6	6	6	6	6	6	6	6	6	6	6	6
	13	产品件扫描		8	8	8	8	8	8	8	8	8	8	8	8
	14	安装发动机隔热板		0	0	0	0	7	0	3	0	7	0	0	0
	15	安装变速箱上支架		7	7	7	7	7	7	7	7	7	7	7	7
	16	松装离合器从动盘、压盘		12	12	12	12	12	12	12	12	12	12	12	12
		小计		33	40	33	40	33	36	33	33	40	33	33	33
	17	紧固离合器压盘		8	8	8	8	8	8	8	8	8	8	8	8
	18	分装前置消声器及立式消声器		6	6	6	6	6	6	6	6	6	6	6	6
	19	安装变速箱双头螺栓及紧固螺母		8	8	8	8	8	8	8	8	8	8	8	8
	20	安装变速箱分离轴承及在发动机上安装变速箱		17	17	17	17	17	17	17	17	17	17	17	17
	21	变速箱上安装气管接头		4	4	4	4	4	4	4	4	4	4	4	4
		小计		43	43	43	43	43	43	43	43	43	43	43	43
	22	安装散热器进、出水胶管及支架		9	9	9	9	9	9	9	9	9	9	9	9
	23	分装换挡软轴		6	6	6	6	6	6	6	6	6	6	6	6
	24	安装换挡软轴		11	11	11	11	11	11	11	11	11	11	11	11
	25	拆装发动机风扇		7	7	7	7	7	7	7	7	7	7	7	7
	26	安装变速箱操纵软轴		10	10	10	10	10	10	10	10	10	10	10	10
	27	安装 D12 进气管或 EGR 线束		4	4	4	4	4	4	4	4	4	4	4	4
		小计		47	47	47	47	47	47	47	47	47	47	47	47
		调整后：五岗合计		226	233	239	233	239	229	226	226	233	226	239	239

为了得到准确的仿真结果，并且能将离散化的生产时间连续化，在不失真实工序的前提下，对上述各表中的各个生产时间详细地在模型中表达出来；同时为了降低仿真模型的复杂程度及减少处理数据的工作量，在不影响仿真结果的情况下，建立仿真模型并对仿真模型进行简化，假设：①仿真模型建立时未考虑机器的维修时间；②设备一般不会因为搬运而处于停机待料状态，所以在仿真模型中不考虑零件的搬运时间；③每个班组的加工时间按照实际加工时间的总和输入仿真模型，即不考虑每个班组内部加工时间的分布。

8.3 基于遗传算法的生产线调度优化仿真

仿真技术以德国西门子公司的 Plant Simulation 软件和法国达索公司的 Delmia 软件为主，能够在数字化环境中进行模拟仿真，而且在汽车领域的仿真调度研究非常多，主要集中在以下几个方面：车身存储区的出入库调度问题，混流装配线中多车型的排序问题，车间生产线布局、混流生产线平衡、生产排程等问题，物流输送系统的输送路径、吊具、托盘、叉车等所需数量等物流配置问题，工艺工位的加工、装配和仿真，动作路径的可行性分析等问题。

Plant Simulation 软件提供了大量的物流设备和生产单元的模型库，包括物流模块、资源模块、信息流模块和用户界面模块。Plant Simulation 软件采用时钟推进机制，只要通过设置模型控制策略的触发条件和执行的操作，就能实现对仿真过程的控制。Plant Simulation 软件采用面向对象、图形化、模块化、多层次的建模方式，从而实现建模易用性和灵活性。对于需要精细控制、具备高度灵活性的部分，可以通过内嵌的 SimTalk 程序语言来实现。Plant Simulation 软件还具有多种形式的接口，从而使其能够和其他各类应用软件进行良好的通信。Plant Simulation 软件不仅可以建立 2D 仿真模型，还可以建立 3D 仿真模型，或者将已有的 2D 仿真模型转换为 3D 仿真模型，为仿真模型提供一个更加直观的 3D 仿真视角。

Plant Simulation 软件具有面向时间的仿真和事件控制的仿真这两个基本特点。Plant Simulation 软件是一种离散的、事件控制的仿真程序，即它只确定在仿真模型中发生事件的时间点。这点与现实不同，在现实中时间是连续的。离散事件控制的仿真程序只考虑到事件的时间点，这对复杂的仿真过程是非常重要的。举例来说：从进入加工站到离开，两者之间的任何运动对仿真都是无关紧要的，我们只关注入口和出口事件的正确性，当零件进入物流单元时 Plant Simulation 计算出时间直到它退出该对象，并将此退出事件输入 EventController 的调度事件列表。因此，EventController 显示的模拟时间是从一个事件跳跃到另一个事件的，并且 Plant Simulation 中的所有事件都是这种情况。

2D 仿真模型的建立是 3D 仿真的前提和基础。建立 2D 仿真模型需要对实际生产线进行抽象化处理以得到各个加工单元，进而得到工厂的简化模型。然后根据实际生产线的物流情况，将各个加工单元进行物料线的连接。Plant Simulation 软件提供了连线方式，以表示物流的先后顺序，连接完成后仿真系统就能自动实现预先设定的物料流动。图 7-1 所示的装配线平面布局方案的仿真模型的 2D 物流图如图 8-2 所示。

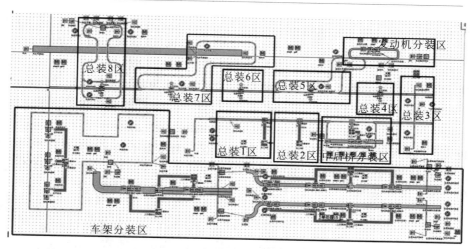

图 8-2　仿真模型的 2D 物流图

应用 Plant Simulation 软件对生产线调度优化，首先要对生产线进行抽象化处理并建模，下面给定仿真模型的约束条件。

a. 不考虑机器在生产过程中的失效。

b. 不考虑零部件在上下工序间的运输时间，投料节拍与所在工序时间同步。

c. 备料区零部件充足。

根据上述约束条件建立装配线的模型，如图 8-3～图 8-13 所示。

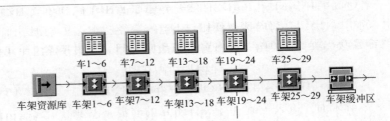

图 8-3　车架分装区

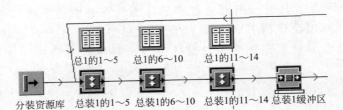

图 8-4　总装 1 区

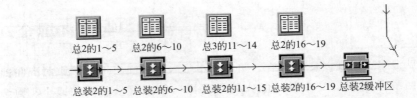

图 8-5　总装 2 区

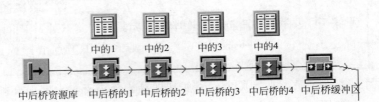

图 8-6　中后桥分装区

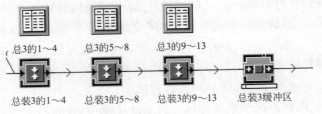

图 8-7　总装 3 区

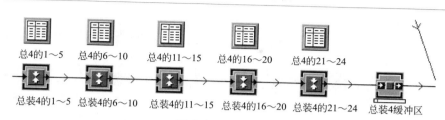

图 8-8　总装 4 区

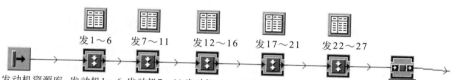

图 8-9　发动机分装区

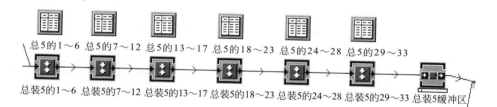

图 8-10　总装 5 区

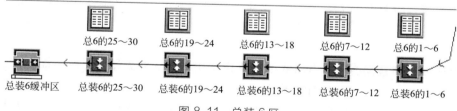

图 8-11　总装 6 区

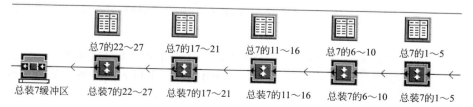

图 8-12　总装 7 区

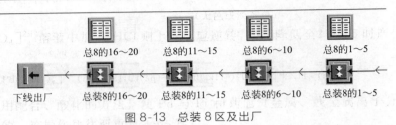

图 8-13　总装 8 区及出厂

图 8-3～图 8-13 各个单元的名称与前文所述对应，即由实际加工线按班组抽象出的装配单元。缓冲区是指分装完成后物件的存储区，根据实际生产情况给定车架缓冲区、中后桥缓冲区和发动机缓冲区的存储量分别为 8、8 和 8。然后给定各个装配单元的时间，将上述整理的工时表汇总，填入表文件中并分别添加到各个装配单元中，以设定好各个加工单元的加工时间。

基于 Plant Simulation 软件中的 GAWizard 遗传算法工具，设计遗传算法工具参数，具体步骤如下。

(1) 给定生产计划表

给定生产计划即订单为：5 辆车型 1、5 辆车型 3、7 辆车型 8 和 3 辆车型 11 共 20 辆卡车。将数据输入生产计划表文件中，生产顺序从表格的第一辆卡车到最后一辆卡车。根据第 3 章的数学建模对该生产计划的数学描述为

$$J_0 = \{Q_{j1k1},\ Q_{j1k2},\ Q_{j1k3},\ Q_{j1k4},\ Q_{j1k5},\ Q_{j3k1},\ Q_{j3k2},\ Q_{j3k3},$$
$$Q_{j3k4},\ Q_{j3k5},\ Q_{j8k1},\ Q_{j8k2},\ Q_{j8k3},\ Q_{j8k4},\ Q_{j8k5},\ Q_{j8k6},$$
$$Q_{j8k7},\ Q_{j11k1},\ Q_{j11k2},\ Q_{j11k3}\} \tag{8-1}$$

生产计划表如图 8-14 所示。

(2) 设定遗传算法参数

打开"遗传算法范围'框架'"，定义"优化方向"为最小值，"世代数"为 15，"世代大小"为 30，"个体观察"数为 1，如图 8-15 所示。

(3) 添加仿真对象、适应度计算方法及运行仿真

设置优化参数，将建立好的生产计划表添加到其中，选择按方法计算适应度选项，设定遗传算法程序，如图 8-16 所示。单击优化中的"Start"选项仿真即运行，等待仿真结束后，计算出最佳适应度值为 3615，并提示仿真完成及运行仿真所用时间，如图 8-17 所示。

MU								
	object 1	integer 2	string 3	table 4	integer 5	integer 6	string 7	string 8
string	MU	Number	Name	Attrib...	Orig	Chrom		
1	.模型.MU...	1	车型1					
2	.模型.MU...	1	车型1					
3	.模型.MU...	1	车型1					
4	.模型.MU...	1	车型1					
5	.模型.MU...	1	车型1					
6	.模型.MU...	1	车型3					
7	.模型.MU...	1	车型3					
8	.模型.MU...	1	车型3					
9	.模型.MU...	1	车型3					
10	.模型.MU...	1	车型3					
11	.模型.MU...	1	车型8					
12	.模型.MU...	1	车型8					
13	.模型.MU...	1	车型8					
14	.模型.MU...	1	车型8					
15	.模型.MU...	1	车型8					
16	.模型.MU...	1	车型8					
17	.模型.MU...	1	车型8					
18	.模型.MU...	1	车型11					
19	.模型.MU...	1	车型11					
20	.模型.MU...	1	车型11					

图 8-14　生产计划表文件

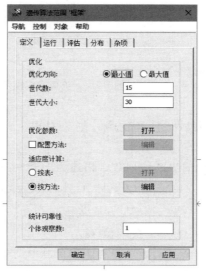

图 8-15　遗传算法参数设定

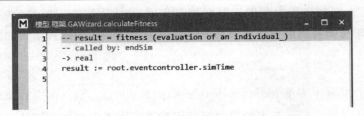

图 8-16　仿真程序设定

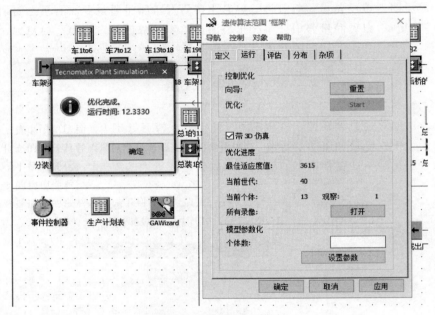

图 8-17　仿真完成提示图

　　仿真结束后，打开生产计划表发现生产计划已经被重新排列，如图 8-18 所示。

　　对优化后的生产计划数学描述为

$$J_0 = \left\{ \begin{array}{l} Q_{j11k1},\ Q_{j8k1},\ Q_{j11k2},\ Q_{J8k2},\ Q_{j8k3},\ Q_{j8k4},\ Q_{j8k5},\ Q_{j8k6}, \\ Q_{j8k7},\ Q_{j11k3},\ Q_{j3k1},\ Q_{j3k2},\ Q_{j3k3},\ Q_{j3k4},\ Q_{j1k1},\ Q_{j1k2}, \\ Q_{j3k5},\ Q_{j1k3},\ Q_{j1k4},\ Q_{j1k5} \end{array} \right\}$$

$$(8-2)$$

　　优化得到的生产时间进化性能图如图 8-19 所示，图中可以得到遗传算法中每一代的性能改进。

	object 1	integer 2	string 3	table 4	integer 5	integer 6
string	MU	Number	Name	Attributes	Orig	Chrom
1	.模型.MU.S25_62	1	车型11		18	1
2	.模型.MU.O46_84	1	车型8		14	2
3	.模型.MU.S25_62	1	车型11		19	3
4	.模型.MU.O46_84	1	车型8		15	4
5	.模型.MU.O46_84	1	车型8		13	5
6	.模型.MU.O46_84	1	车型8		11	6
7	.模型.MU.O46_84	1	车型8		12	7
8	.模型.MU.O46_84	1	车型8		16	8
9	.模型.MU.O46_84	1	车型8		17	9
10	.模型.MU.S25_62	1	车型11		20	10
11	.模型.MU.S35_42	1	车型3		10	11
12	.模型.MU.S35_42	1	车型3		8	12
13	.模型.MU.S35_42	1	车型3		7	13
14	.模型.MU.S35_42	1	车型3		6	14
15	.模型.MU.N58_42	1	车型1		4	15
16	.模型.MU.N58_42	1	车型1		5	16
17	.模型.MU.S35_42	1	车型3		9	17
18	.模型.MU.N58_42	1	车型1		1	18
19	.模型.MU.N58_42	1	车型1		3	19
20	.模型.MU.N58_42	1	车型1		2	20

图 8-18 优化后的生产计划表

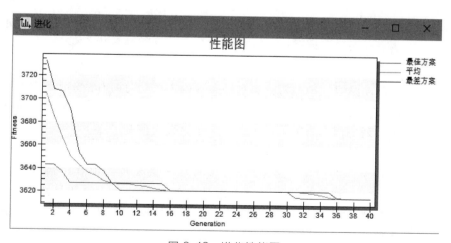

图 8-19 进化性能图

利用"时间控制器"可以得到仿真所用的时间，通过仿真时间可以更为直接地得到仿真的结果。在 Plant Simulation 系统中，时间的表示格式为"天：小时：分钟：秒：万分之一秒"，优化前的运行时间如图 8-20 所示，优化后的运行时间如图 8-21 所示。

图 8-20　优化前的运行时间　　　　图 8-21　优化后的运行时间

8.4 装配车间的 3D 仿真

Plant Simulation 软件支持建立 3D 仿真模型，为仿真模型提供全三维的仿真视角；另外，为改进工厂布置和合理利用面积，提供可视化的模型基础，方便管理人员或技术人员改进和优化生产线。

通过 3D 仿真，一方面可以充分利用空间，合理化车间布局，优化物料流动路线（即缩短物料运输路线的距离），进而降低物流成本；另一方面可以为各个加工单元添加工人的工作安排，通过仿真快速制订工人工作计划安排，为工人的管理工作带来极大便利。

由于实际工厂布置十分复杂，影响零件物流的因素较多并可能随机发生，这给建立装配线 3D 仿真系统带来很大困难。因此，在与实际生产加工情况相符条件下，对装配线进行抽象、简化处理。3D 仿真目的是优化工厂布置，在遵循实际生产情况下，假设仿真系统满足以下条件。

a.各加工设备、运送设备、车体零件和物料存储区的尺寸在长度、宽度和高度上与实际相同，结构可进行简化处理。

　　b.所有不可移动的加工单元、轨道等的位置完全按照实际生产线的相对位置来摆放；对物料存储区、工具箱等可调整的实体，在原有生产线的基础上进行优化调整。这是由于不可移动的对象在实际工厂中位置也是很难改变的，故不优化不可移动对象的布置。

　　c.工人的人行通道是在布置优化结束后进行的，工人必须沿设计的通道行走至工作区域，且每个工人的行走速度为同一定值。

　　d.不考虑物流调度的随机性因素，如物料损坏、设备损坏等。

　　车体建模为 3D 仿真提供仿真对象，即为建立好的 Plant Simulation 2D 仿真模型中的装配单元、零件物料源等提供装配实体模型。首先对车体的各个主要零部件进行建模，需要建模的主要零部件有车架、中后桥、发动机和驾驶室；其次是建立其他零部件（如轮胎、车座、前桥等）；然后将建立的模型一同导入装配体中装配，建立车体的装配实体模型。

　　由于重卡柔性生产线是模块化的（即由分装和总装组成），并非一条流水线作业。而吊装是实现实体从分装线到总装线的重要形式。吊装是指利用吊车等起升机构将物料运送至指定轨道，对于仿真和模拟来讲，2D 仿真是无法实现这一点的；在 3D 仿真模型中则不同，在 3D 仿真模型中可以设定轨道高度，从而对吊装进行仿真。因此，实现较好的吊装效果，除了对车体的 3D 建模之外，还要对吊装设备进行建模。车架吊臂、驾驶室吊臂和中后桥吊臂的 3D 模型分别如图 8-22～图 8-24 所示。

图 8-22　车架吊臂 3D 模型

图 8-23　驾驶室吊臂 3D 模型

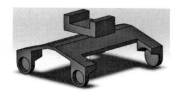
图 8-24　中后桥吊臂 3D 模型

　　仿真系统的建立由以下几个步骤完成。

(1) 3D 模型的导入

以车架模型的导入为例，首先要将 3D 模型保存为标准 3D 格式 STEP，右击框架中的车架实体，选择"在 3D 中打开"，将 Plant Simulation 软件中自带的实体模型删除后选择编辑菜单中的"导入图形"，选择"车架.STEP"文件，然后设定好图形的位置、角度及缩放，使图形位于坐标的中心位置，这样 3D 模型的导入完成，车架模型导入效果如图 8-25 所示。其他模型的导入方法与车架模型的导入方法相同。

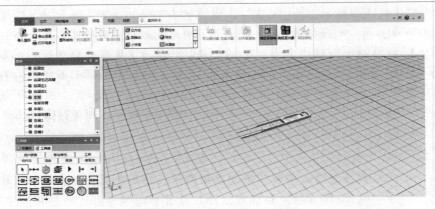

图 8-25 车架模型导入效果图

(2) 吊装位置的设定

以发动机吊装为例，右击框架中的车架吊臂，选择"在 3D 中打开"，再将模型导入后，右键选择"编辑 3D 属性"，在"MU 动画"中添加路径，如图 8-26 所示。其他吊装位置的设定步骤与车架吊臂相同。

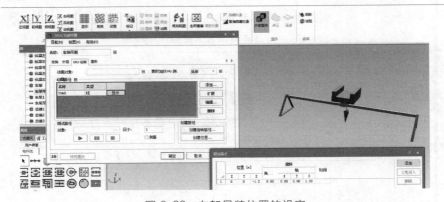

图 8-26 车架吊装位置的设定

（3）仿真动画的触发控制

制作复杂的仿真动画，需要用程序进行设定。Plant Simulation 软件是基于C++的仿真软件，支持面向对象的触发式程序设计。以中后桥吊装控制为例，为实现在中后桥吊装时中后桥吊臂需等待总装线进入中后桥安装区域时才运行，在2D视图下首先在轨道上设定传感器，然后在传感器上添加触发程序".MUs.中后桥吊臂.create（.模型.框架.中后桥吊臂）"，最后将"中后桥吊臂物流源"的创建时间改为触发器，如图8-27所示。其他控制方法类似于中后桥吊装的控制。

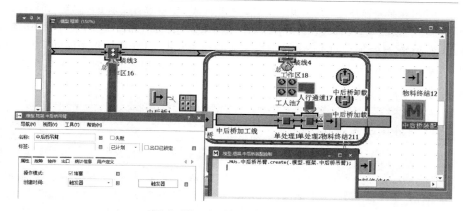

图 8-27　中后桥吊装控制设定

（4）工人的工作安排

以纵梁焊接为例，首先在"工具箱-资源"中选择"工人池"，将"工人池"拖入到框架中，其次为工人池添加"协调器"，然后添加"工作区"到装配单元的附近并拖入装配单元，接着设定工人及各个加工单元的加工任务和数量，最后合理安排人行通道，如图8-28所示。其他工人的工作安排步骤与纵梁焊接类似。

将遗传算法仿真模型中的工时表及生产计划表文件移植到3D仿真模型的对应加工单元中，然后在"事件控制器"中选择实时后运行仿真。仿真动画的整体效果图如图8-29所示，仿真动画局部效果图如图8-30、图8-31所示。通过运行3D仿真，可以直观地了解工厂的布置和加工情况，为改进工厂布置和合理利用面积提供可视化的模型基础，极大地方便了管理人员或技术人员对生产线调度的改进和优化。

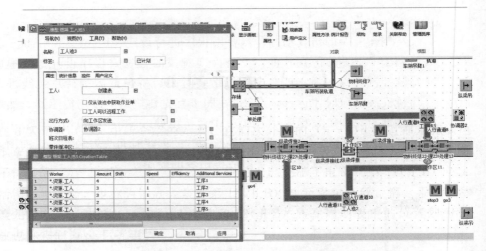

图 8-28　纵梁焊接工人的工作安排

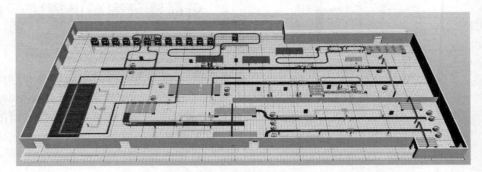

图 8-29　仿真动画的整体效果图

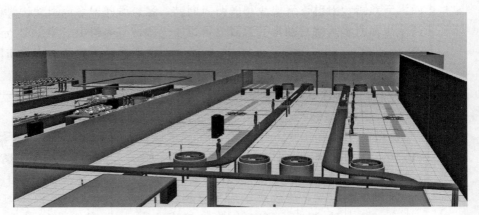

图 8-30　动画仿真局部效果图 1

图 8-31 动画仿真局部效果图 2

参考文献

［1］ 谭建荣，刘达新，刘振宇，等.从数字制造到智能制造的关键技术途径研究[J].中国工程科学，2017，19（3）：39-44.

［2］ Zhou Ji, Li Peigen, Zhou Yanhong, et al. Toward New-Generation Intelligent Manufacturing[J].Engineering, 2018, 4（1）: 11-20.

［3］ Qing Li, Qianlin Tang, Iotong Chan, et al. Smart manufacturing standardization: Architectures, reference models and standards framework[J].Computers in Industry, 2018, 101: 91-106.

［4］ Fei Tao, Qinglin Qi, Ang Liu, et al. Data-driven smart manufacturing[J].Journal of Manufacturing Systems, 2018, 48: 157-169.

［5］ Qinglin Qi, Fei Tao, Ying Zuo, et al. Digital Twin Service towards Smart Manufacturing [J].Procedia CIRP, 2018, 72: 237-242.

［6］ Jinjiang Wang, Yulin Ma, Laibin Zhang, et al. Deep learning for smart manufacturing: Methods and applications[J].Journal of Manufacturing Systems, 2018, 48: 144-156.

［7］ 卢秉恒.互联网＋智能制造是中国制造2025的抓手[J].汽车工艺师，2016，1：15-18.

［8］ Jay Lee, Hossein Davari, Jaskaran Singh, et al. Industrial Artificial Intelligence for industry 4. 0-based manufacturing systems［J］.Manufacturing Letters, 2018, 18: 20-23.

［9］ Ray Y. Zhong, Xun Xu, Eberhard Klotz, et al. Intelligent Manufacturing in the Context of Industry 4. 0: A Review[J].Engineering, 2017, 3（5）: 616-630.

［10］ 叶凯威.喷涂车间智能制造系统关键技术研究[D].杭州：浙江大学，2018.

［11］ 孙文峻.压铸车间智能制造系统关键技术的研究与系统开发[D].杭州：浙江大学，2017.

［12］ 徐凯.压铸车间智能制造系统软件架构设计及开发研究[D].杭州：浙江大学，2017.

［13］ 李清，唐骞璘，陈耀棠，等.智能制造体系架构、参考模型与标准化框架研究[J].计算机集成制造系统，2018，24（3）：539-549.

［14］ 赵东标，朱剑英.智能制造技术与系统的发展与研究[J].中国机械工程，1999，10（8）：927-931.

［15］ 张范良.基于知识的汽车覆盖件模具智能装配系统的研究[D].哈尔滨：哈尔滨理工大学，2009.

［16］ 董一巍，李晓琳，赵奇.大型飞机研制中的若干数字化智能装配技术[J].航空制造技术，2016，1/2: 58-63.

［17］ 金杜挺.基于工业4. 0的轴承智能装配机械系统研究[D].杭州：杭州电子科技大学，2017.

［18］ 李龙.基于工业4. 0的轴承智能装配控制系统研究[D].杭州：杭州电子科技大学，2017.

［19］ 张国祥.面向电梯零部件智能制造的切削参数优化及知识库研究与开发[D].无锡：江南大学，2017.

[20] 朱梅玉，李梦奇，文学，等.汽轮机转子动叶片装配序列智能优化[J].航空动力学报，2017，32（10）：2536-2543.

[21] 刘检华.产品装配技术[J].机械工程学报，2018，54（11）：1.

[22] 刘检华，孙清超，程晖，等.产品装配技术的研究现状、技术内涵及发展趋势[J].机械工程学报，2018，54（11）：2-28.

[23] 宋利康，郑堂介，朱永国，等.飞机脉动总装智能生产线构建技术[J].航空制造技术，2018，61（1/2）：28-32.

[24] 刘炜，刘峰，倪阳咏，等.航天复杂产品智能化装配技术应用研究[J].宇航总体技术，2018，2（1）：33-36.

[25] 钟艳如，姜超豪，覃裕初，等.基于本体的装配序列自动生成[J].计算机集成制造系统，2018，24（6）：1345-1356.

[26] 陶小刚.基于全三维模型的制导航空炸弹智能装配及仿真技术研究[D].沈阳：沈阳理工大学，2018.

[27] 龙田.智能制造中的生产调度优化问题研究[D].绵阳：西南科技大学，2016.

[28] Qiang Su. Computer aided geometric feasible assembly sequence planning and optimizing[J].International Journal of Advanced Manufacturing Technology，2007，33（1-2）：48-57.

[29] G. Bala Murali, B. B. V. L. Deepak, M. V. A. Raju Bahubalendruni, et al. Optimal assembly sequence planning using hybridized immune-simulated annealing technique[J].Materials Today：Proceedings，2017，4（8）：8313-8322.

[30] 古天龙，张劢.基于模型检验集成规划系统的机械装配序列规划[J].计算机集成制造系统，2008，14（9）：1781-1790.

[31] Somaye Ghandi, Ellips masehian. A breakout local search（BLS）method for solving the assembly sequence planning problem[J].Engineering Applications of Artificial Intelligence，2015，

39：245-266.

[32] Ismail Ibrahim, Zuwairie Ibrahim, Hamzah Ahmad, et al. An assembly sequence planning approach with a rule-based multi-state gravitational search algorithm[J].International Journal of Advanced Manufacturing Technology，2015，79（5-8）：1363-1376.

[33] Shana Shiang-Fong Smith, Greg C. Smith, Xiaoyun Liao. Automatic stable assembly sequence generation and evaluation[J].Journal of Manufacturing Systems，2001，20（4）：225-235.

[34] 徐周波，肖鹏，古天龙，等.基于混沌混合算法的装配序列规划[J].计算机集成制造系统，2015，21（12）：3200-3208.

[35] Y. Wang, J. H Liu. Chaotic particle swarm optimization for assembly sequence planning[J].Robotics and Computer-Integrated Manufacturing，2010，26（2）：212-222.

[36] 李明宇，吴波，胡友民.一种混合算法在装配序列规划中的应用研究[J].机械科学与技术，2014，33（5）：647-651.

[37] Hui Wang, Yiming Rong, Dong Xiang. Mechanical assembly planning using ant colony optimization[J].Computer-Aided Design，2014，47（2）：59-71.

[38] 曾冰，李明富，张翼.基于改进萤火虫算法的装配序列规划方法[J].计算机集成制造系统，2014，20（4）：799-806.

[39] Chien-Cheng Chang, Hwai-En Tseng, Ling-Peng Meng. Artificial immune systems for assembly sequence planning exploration[J].Engineering Applications of Artificial Intelligence，2009，22（8）：1218-1232.

[40] Hanye Zhang, Haijiang Liu, Lingyu Li. Research on a kind of assembly sequence planning based on immune algorithm and particle swarm optimization Algorithm[J].International Journal of Ad-

vanced Manufacturing Technology, 2014, 71 (5-8): 795-808.

[41] X. F. ZHA, S. Y. E. LIM, S. C. FOK. Integrated knowledge-based Petri net intelligent fexible assembly planning[J]. Journal of Intelligent Manufacturing, 1998, 9 (3): 235-250.

[42] Tianyang Dong, Ruofeng Tong, Ling Zhang, et al. A knowledge-based approach to assembly sequence planning [J]. International Journal of Advanced Manufacturing Technology, 2007, 32 (11-12): 1232-1244.

[43] Elise Gruhier, Frederic Demoly, Olivier Dutartre, et al. A formal ontology-based spatiotemporal mereotopology for integrated product design and assembly sequence planning [J]. Advanced Engineering Informatics, 2015, 29 (3): 495-512.

[44] Yung-Yuan Hsu, Pei-Hao Tai, Min-Wen Wang, et al. A knowledge-based engineering system for assembly sequence planning[J]. International Journal of Advanced Manufacturing Technology, 2011, 55 (5-8): 763-782.

[45] 李荣, 付宜利, 封海波. 基于连接结构知识的装配序列规划[J]. 计算机集成制造系统, 2008, 14 (6): 1130-1135.

[46] 刘林, 贾庆浩, 熊志勇. 基于工程语义的虚拟装配序列规划[J]. 机械设计与制造, 2013 (8): 44-47.

[47] Ming C. Leu, Hoda A. Elmaraghy, Andrew Y. C. Nee, et al. CAD model based virtual assembly simulation, planning and training[J]. CIRP Annals-Manufacturing Technology, 2013, 62 (2): 799-822.

[48] Sotiris Makris, George Pintzos, Loukas Rentzos, et al. Assembly support using AR technology based on automatic sequence generation[J]. CIRP Annals-Manufacturing Technology, 2013, 62 (1): 9-12.

[49] Rainer Müller, Matthias Vette, Leenhard Hörauf, et al. Consistent data usage and exchange between virtuality and reality to manage complexities in assembly planning [J]. Procedia Cirp, 2016, 44: 73-78.

[50] Li-Ming Ou, Xun Xu. Relationship matrix based automatic assembly sequence generation from a CAD model [J]. Computer-Aided Design, 2013, 45 (7): 1053-1067.

[51] ZhouPing Yin, Han Ding, HanXiong Li, et al. A connector-based hierarchical approach to assembly sequence planning for mechanical assemblies[J]. Computer-Aided Design, 2003, 35 (1): 37-56.

[52] Wang Hui, Xiang Dong, GuangHong Duan, et al. Assembly planning based on semantic modeling approach [J]. Computers in Industry, 2007, 58 (3): 227-239.

[53] 于嘉鹏, 王健熙. 基于递归循环的层次化爆炸图自动生成方法[J]. 机械工程学报, 2016, 52 (13): 175-188.

[54] Kyoung-Yun Kim, Hyungjeong Yang, Dong-Won Kim. Mereotopological assembly joint information representation for collaborative product design[J]. Robotics and Computer Integrated Manufacturing, 2008, 24 (6): 744-754.

[55] Elise Gruhier, Frederic Demoly, Samuel Gomes. A spatiotemporal information management framework for product design and assembly process planning reconciliation[J]. Computers in Industry, 2017, 90: 17-41.

[56] 孟瑜, 古天龙, 常亮, 等. 面向装配序列规划的装配本体设计[J]. 模式识别与人工

智能，2016，29（3）：203-215.

[57] Romeo M Marian, Lee HS Luong, Kazem Abhary. Assembly sequence planning and optimisation using genetic algorithms Part I. Automatic generation of feasible assembly sequences [J]. Applied Soft Computing Journal, 2003, 2（3）：223-253.

[58] Tianyang Dong, Ruofeng Tong, Ling Zhang, et al. A collaborative approach to assembly sequence planning[J]. Advanced Engineering Informatics, 2005, 19（2）：155-168.

[59] Qiang Su. A hierarchical approach on assembly sequence planning and optimal sequences analyzing [J]. Robotics and Computer-Integrated Manufacturing, 2009, 25（1）：224-234.

[60] Mohamed Kashkoush, Hoda Elmaraghy. Knowledge-based model for constructing master assembly sequence [J]. Journal of Manufacturing Systems, 2015, 34: 43-52.

[61] Yoonho Seo, Dongmok Sheen, Taioun Kim. Block assembly planning in shipbuilding using case-based reasoning[J]. Expert Systems with Applications, 2007, 32（1）：245-253.

[62] Shipeng Qu, Zuhua Jiang, Ningrong Tao. An integrated method for block assembly sequence planning in shipbuilding[J]. International Journal of Advanced Manufacturing Technology, 2013, 69（5-8）：1123-1135.

[63] 王礼健，钱卫荣，王炜华. 基于连接关系稳定性的子装配体识别[J]. 航空制造技术，2012（3）：87-91.

[64] Frederic Demoly, Xiu-Tian Yan, Benoit Eynard, et al. An assembly oriented design framework for product structure engineering and assembly sequence planning [J]. Robotics and Computer-Integrated Manufacturing, 2011, 27（1）：33-46.

[65] 袁宝勋，褚学宁，李玉鹏，等. 基于产品设计数据的装配序列定量化评价方法[J]. 计算机集成制造系统，2014，20（4）：807-816.

[66] Shana Smith, Li-Yen Hsu, Gregory C. Smith. Partial disassembly sequence planning based on cost-benefit analysis [J]. Journal of Cleaner Production, 2016, 139: 729-739.

[67] 严隽琪. 制造系统信息集成技术[M]. 上海：上海交通大学出版社，2001: 3-5.

[68] Mo Jianzhong, Cai Jianguo, Zhang Zongmao, et al. DFA-oriented assembly relation modeling [J]. International Journal of Computer Integrated Manufacturing, 1999, 12（3）：238-250.

[69] Somayé Ghandi, Ellips Masehian. Assembly sequence planning of rigid and flexible parts[J]. Journal of Manufacturing Systems, 2015, 36（7）：128-146.

[70] 陈大亨，张彪，宫华. 基于粒子群优化算法的装配序列规划研究[J]. 沈阳理工大学学报，2016，35（4）：8-41.

[71] Frederic Demoly, Aristeidis Matsokis, Dimitris Kiritsis. A mereotopological product relationship description approach for assembly oriented design[J]. Robotics and Computer-Integrated Manufacturing, 2012, 28（6）：681-693.

[72] 谭光宇，李广慧，陈栋. 基于图的子装配识别与装配序列规划[J]. 机器人，2001，23（1）：68-72.

[73] D. F. Baldwin, T. E. Abell, M. -C. M. Lui, et al. An integrated computer aid for Generating and Evaluating Assembly Sequences for Mechanical Products [C]. IEEE Transactions on Robotics and Automation, 1991, 7（1）：78-79.

[74] 胡小梅，朱文华，俞涛.基于有向约束图的装配序列并行化方法研究[J].机械设计与制造，2010，4：163-165.

[75] 刘翊，李世其，王峻峰，等.产品分层分级的交互式拆卸装配序列规划[J].计算机集成制造系统，2014，20（4）：785-792.

[76] Gottipolu R B, Ghosh K. An integrated approach to the generation of assembly sequences [J]. International Journal of Computer Application in Technology, 1995, 8 (3/4): 125-138.

[77] Y. Z. Zhang, J. Ni, Z. Q. Lin, et al. Automated sequencing and sub-assembly detection in automobile body assembly planning [J]. Journal of Materials Processing Technology, 2002, 129 (1-3): 490-494.

[78] 王成恩，于宏，于嘉鹏，等.复杂产品装配规划系统[J].计算机集成制造系统，2011，17（5）：952-960.

[79] Seyda Topaloglu, Latif Salum, Aliye Ayca Supciller. Rule-Based Modeling and Constraint Programming Based Solu-tion of The Assembly Line Balancing Problem [J]. Expert Systems with Applications, 2012, 39: 3484-3493.

[80] 李灿林，蔡铭，童若锋，等.基于规则和爆炸图的装配序列规划[J].计算机辅助设计与图形学学报，2004，16（8）：1106-1113.

[81] Bonneville F, Perrard C, Henrioud J M. A Genetic Algorithm to Generate and E-valuate Assembly Plans [C]. Proceedings of the IEEE Symposium on Emerging Technology and Factory Automation. New Jersey, USA, 1995: 231-239.

[82] Chen Shiangfong, Yong-Jin Liu. A Multi-Level Genetic Assembly Planner [C]. Proceedings of the 2000 Design Engineering Technical Conference. Baltimore, USA, 2000: 10-13.

[83] 韩晓东，蔡勇，蒋刚.基于改进的遗传算法的装配序列规划[J].机械设计与制造，2009，3：212-214.

[84] G. Dini, F. Failli, B. Lazzerini, et al. Generation of Optimized Assembly Sequences Using Genetic Algotithms [J]. Annals of CIRP, 1999, 48 (1): 17-20.

[85] 魏巍，郭晨，段晓东，等.基于蚁群遗传混合算法的装配序列规划方法[J].系统仿真学报，2014，26（8）：1684-1691.

[86] 董天阳，童若锋，张玲，等.基于知识的智能装配规划系统[J].计算机集成制造系统，2005，11（12）：1692-1697+1768.

[87] Kyoung-Yun Kim, Hyungjeong Yang, Dong-Won Kim. Mereotopological assembly joint information representation for collaborative product design[J]. Robotics and Computer-Integrated Manufacturing, 2008, 24 (6): 744-754.

[88] Dong Yang, Rui Miao, Wu Hongwei, et al. Product configuration knowledge modeling using ontology Web language [J]. Expert Systems with Applications, 2009, 36 (3): 4399-4411.

[89] Kyoung-Yun Kim, David G. Manley, Hyungjeong Yang. Ontology-based assembly design an dinformation sharing for collaborative product development [J]. Computer-Aided Design, 2006, 38 (12): 1233-1250.

[90] 刘德忠，费仁元.装配自动化（第2版）[M].北京：机械工业出版社，2007.

[91] 李绍炎.自动机与自动线（第2版）[M].北京：清华大学出版社，2015.

[92] 钟元.面向制造和装配的产品设计指南（第2版）[M].北京：机械工业出版社，2016.

[93] 【美】杰弗里·布斯罗伊德等.面向制造及装配的产品设计[M].林宋译.北京：机

械工业出版社，2015.

[94] 周骥平，林岗.机械制造自动化技术[M].北京：机械工业出版社，2014.

[95] 张冬泉，鄂明成.制造装备及其自动化技术[M].北京：科学出版社，2017.

[96] 何用辉.自动化生产线安装与调试[M].北京：机械工业出版社，2015.

[97] ［美］杰弗里·布斯罗伊德.装配自动化与产品设计[M].熊勇家等译.北京：机械工业出版社，2009.

[98] 马凯，肖洪流.自动化生产线技术[M].北京：化学工业出版社，2017.

[99] 张春芝.自动生产线组装、调试与程序设计[M].北京：化学工业出版社，2011.

[100] 李玉和，刘志峰.微系统自动化装配技术[M].北京：电子工业出版社，2008.

[101] ［美］理查德·克劳森.装配工艺——精加工、封装和自动化[M].熊永家等译.北京：机械工业出版社，2008.

[102] 刘文波，陈白宁，段智敏.火工品自动装配技术[M].北京：国防工业出版社，2010.

[103] 陈继文，王琛，于复生等.机械自动化装配技术[M].北京：化学工业出版社，2019.

[104] 丁博，于晓洋，孙立镌，等.基于本体的协同装配关系模型[J].哈尔滨理工大学学报，2013，18（4）：42-46.

[105] 杨奇彪，杨志宏，刘长安，等.基于面接触特性的装配方向的自动识别和提取[J].山东大学学报（工学版），2010，40（1）：73-77.

[106] 韩志仁，梁文馨，刘春峰，等.基于CATIA装配件位置信息提取与重构技术研究[J].航空制造技术，2016（11）：103-105＋109.

[107] 周江奇，来新民，金隼，等.基于产品模型数据交换标准的装配连接关系识别和提取[J].计算机集成制造系统，2006，12（8）：1203-1210.

[108] 方坤礼，蒋晓英.基于实例推理的机床专用夹具虚拟装配技术[J].机电工程，2009，26（8）：25-26＋36.

[109] 张影，周江奇，金隼，等.基于实例的推理在车身装配顺序规划中的应用[J].机械，2005，32（2）：37-39.

[110] 张禹，白晓兰，张朝彪，等.基于实例推理的数控车床智能模块组合方法[J].机械工程学报，2014，50（1）：120-129.

[111] 于嘉鹏，王成恩，张闻雷，等.基于优先规则筛选的装配序列规划方法[J].东北大学学报（自然科学版），2009，30（11）：1636-1640.

[112] 李灿林，蔡铭，童若锋，等.基于规则和爆炸图的装配序列规划[J].计算机辅助设计与图形学学报，2004，16（8）：1106-1113.

[113] 付宜利，田立中，储林波.基于模糊评判的装配序列生成[J].哈尔滨工业大学学报，2002，34（6）：739-742.

[114] 马红占，褚学宁，刘振华，等.基于人因仿真分析的装配序列评价模型及应用[J].中国机械工程，2015，26（5）：652-657.

[115] 张嘉易，王成恩，马明旭，等.产品装配序列评价方法建模[J].机械工程学报，2009，45（11）：218-224.

[116] Tönshoff H. K, Menzel E, Park H. S. A knowledge-based system for automated assembly planning[J].CIRP Annals-Manufacturing Technology，1992，41（1）：19-24.

[117] 李荣，付宜利，封海波.基于连接结构知识的装配序列规划[J].计算机集成制造系统，2008，14（6）：1130-1135.

[118] Rudi Studer, V Richard Benjamins, Dieter Fensel. Knowledge Engineering: Principles and methods[J].Data and Knowledge Engineering，2008，25（1-2）：167-197.

[119] Thomas R. Gruber. Towards principles for the design of ontologies used

for knowledge sharing[J].International Journal of Human-Computer Studies, 1995, 43（5/6）: 907-928.

[120]　贾庆浩. 基于工程语义的虚拟装配序列规划[D].广州: 华南理工大学, 2012: 20-22.

[121]　ALLEN J. Maintaining knowledge about temporal intervals[J].Communications of the ACM, 1983, 26（11）: 832-843.

[122]　万昌江, 古飚, 鲁玉军. 语义推理驱动的协同装配技术[J].计算机集成制造系统, 2010, 16（9）: 1852-1858.

[123]　吕美玉, 侯文君, 李翔基. 智能装配工艺规划中的层次化装配语义模型[J].东华大学学报（自然科学版）, 2010, 36（4）: 371-375+401.

[124]　段振云, 郭凯, 王琪. 基于SolidWorks的二次开发创建协同设计系统[J].组合机床与自动化加工技术, 2007, 2: 110-112.

[125]　平功辉, 杨关良, 欧阳清. 利用VB对SolidWorks的二次开发[J].机械设计与制造, 2006, 1: 73-75.

[126]　王文波, 涂海宁, 熊君星. SolidWorks 2008二次开发基础与实例（VC++）[M].北京: 清华大学出版社, 2009.

[127]　于洋, 贺栋, 魏苏麒. 基于SolidWorks二次开发的智能装配技术研究[J].机械设计与制造, 2011（3）: 60-62.

[128]　万昌江, 李仁旺. 基于端口自动匹配的产品智能装配建模技术[J].计算机集成制造系统, 2011, 17（7）: 1389-1396.

[129]　何来坤, 缪健美, 刘礼芳, 等. 基于Ontology与Jena的研究综述[J].杭州师范大学学报（自然科学版）, 2013, 12（5）: 467-473.

[130]　万佳佳. 装配序列规划的知识与编码研究[D].武汉: 华中科技大学, 2015.

[131]　景武, 赵所, 刘春晓. 基于DELMIA的飞机三维装配工艺设计与仿真[J].航空制造技术, 2012, 12: 80-86.

[132]　谭慧猛, 朱文华, 王琛, 等. DELMIA在支线飞机概念总装仿真中的应用[J].机械设计与制造, 2010, 1: 86-88.

[133]　Wen-Chin Chen, Pei-Hao Tai, Wei-Jaw Deng, et al. A three-stage integrated approach for assembly sequence planning[J]. Expert Expert Systems with Applications, 2008, 34: 1777-1786.

[134]　Dalvi Santosh D. Optimization of Assembly Sequence Plan Using Digital Prototyping and Neural Network[J]. Procedia Technology, 2016, 23: 414-422.

[135]　Wen-Chin Chen, Yung-Yuan Hsu, Ling-Feng Hsieh, et al. A systematic optimization approach for assembly sequence planning using Taguchi method, DOE, and BPNN[J]. Expert Systems with Applications, 2010, 37: 716-726.

[136]　张晶, 崔汉国, 朱石坚. 基于人工神经网络的装配序列规划方法研究[J].武汉理工大学学报（交通科学与工程版）, 2010, 34（5）: 1053-1056.

[137]　[美]卢格（Luger G. F.）. 人工智能: 复杂问题求解的结构和策略[M].郭茂祖等译. 北京: 机械工业出版社, 2009.

[138]　[美]罗素（Russell S. J.）, [美]诺维格（Norvig P.）. 人工智能: 一种现代的方法（第3版）[M].殷建平等译. 北京: 清华大学出版社, 2013.

[139]　Wen-Chin Chen, Yung-Yuan Hsu, Ling-Feng Hsieh, etc. A systematic optimiz sequence planning using Taguchi rnethod, DOE, and BPNN[J]. Expert Systems with 726.

[141]　方清城. Matlab R2016a神经网络设计与应用28个案例分析[M].北京: 清华大学出版社, 2018.

[142] 顾艳春. Matlab R2016a 神经网络设计应用 27 例 [M]. 北京: 电子工业出版社, 2018.

[143] Matthias Amen. Heuristic methods for cost-oriented assembly line balancing: a comparison on solution quality and computing time [J]. International Journal of Production Economics, 2001, 69 (3): 255-264.

[144] Ruey-Shun Chen, Kun-Yung Lu, Pei-Hao Tai. Optimizing assembly planning through a three-stage integrated approach[J]. International Journal of Production Economics, 2004, 88: 243-256.

[145] Wen-Chin Chen, Shou-Wen Hsu. A neural-network approach for an automatic LED inspection system[J]. Expert Systems with Applications, 2007, 33 (3): 531-537.

[146] Tiam-Hock Eng, Zhi-Kui Ling, Walter Olson, et al. Feature based assembly modeling and sequence generation[J]. Computers and Industrial Engineering, 1999, 36 (1): 17-33.

[147] Romeo M. Marian, Lee H. S Luong, Kazem Abhary. Assembly sequence planning and optimization using genetic algorithms: Part I. Automatic generation of feasible assembly sequences[J]. Applied Soft Computing, 2003, 2 (3): 223-253.

[148] Yao S, Yan B, Chen B, et al. An ANN-based element extraction method for automatic mesh generation[J]. Expert Systems with Applications, 2005, 29 (1): 193-206.

[149] Kyoung-Yun Kim, Hyungjeong Yang, Dong-Won Kim. Mereotopological assembly joint information representation for collaborative product design [J]. Robotics and Computer Integrated Manufacturing, 2008, 24 (6): 744-754.

[150] HongSeok Park. A Knowledge-Based System for Assembly Sequence Planning[J]. International Journal of the Korean Society of Precision Engineering, 2000, 1: 35-42.

[151] Prajakta P. Pawar, Santosh D. Dalvi, Santosh Rane. Evaluation of Crankshaft Manufacturing Methods-An Overview of Material Removal and Additive Processes [J]. International Research Journal of Engineering and Technology, 2015, 2 (4): 118-122.

[152] Priyanka Mathad, Santoch D. Dalvi, Chandra bahu. Application of 3D CAD Modeling for Aerospace Mechanisms [J]. International Journal of Multidisciplinary Research & Advances in Engineering, 2015, 7 (3), 21-36.

[153] Sudasan Rachuri, Young-Hyun Han, Sebti Foufou, et al. A Model for Capturing Product Assembly Information [J]. Journal of Computing and Information Science in Engineering, 2006, 6 (1): 11-21.

[154] Tsin-C. Kuo, Samuel H. Huang, Hong-C. Zhang. Design for manufacture and design for 'X': Concepts, applications, and perspectives[J]. Computers & Industrial Engineering, 2001, 41: 241-260.

[155] Lai Hsin-Yi, Huang Chin-Tzwu. A systematic approach for automatic assembly sequence plan generation[J]. International Journal of Advanced Manufacturing Technology, 2004, 24: 752-763.

[156] Yange Liu, Wei Liu, Yimo Zhang. Inspection of defects in optical fibers based on back-propagation neural net-

works [J]. Optics Communications, 2001, 198（4-6）: 369-378.

[157] Maier H R, Dandy G C. Understanding the behaviour and optimising the performance of back-propagation neural networks: an empirical study [J]. Environmental Modelling & Software, 1998, 13（2）: 179-191.

[158] Murata N, Yoshizawa S. Network information criterion-determining the number of hidden units for an artificial neural network model[J].IEEE Transaction on Neural Network, 1994, 5: 865-872.

[159] 石炳坤，贾晓亮，白雪涛，等.复杂产品数字化装配工艺规划与仿真优化技术研究[J].航空精密制造技术，2014, 50（1）: 46-48.

[160] 徐璐.复杂产品的可装配性评价技术研究[D].沈阳: 沈阳理工大学，2009.

[161] 刘顺涛，陈雪梅，赵正大，等.基于CATIA二次开发的数模信息提取及组织技术研究[J].航空制造技术，2014（19）: 78-80.

[162] 崔嘉嘉.时空工程语义知识驱动的产品智能装配序列规划研究[D].济南: 山东建筑大学，2018.

[163] 刘奥.基于CATIA/DELMIA的产品装配序列规划及仿真[D].武汉: 华中科技大学，2014.

[164] 张兴华.基于CATIA的数字化装配信息建模与序列规划研究[D].武汉: 武汉理工大学，2013.

[165] 白静.基于语义的三维CAD模型可重用区域自动提取[J].计算机科学，2013, 40（4）: 275-281.

[166] 施於人，邓易元，蒋维.eM-Plant仿真技术教程[M].北京: 科学出版社，2009: 5-8.

[167] E. Muhl, P. Charpentier, F. Chaxel. Optimization of physical flows in an automotive manufacturing plant: some experiments and issues[J].Engineering Applications of Artificial Intelligence, 2003, 16（4）: 293-305.

[168] Wonjoon Choi, Yongil Lee. A dynamic part-feeding system for an automotive assembly line[J].Computer & Industrial Engineering, 2002, 43（1-2）: 123-134.

[169] Marshall L. Fisher, Christopher D. Ittner. The impact of Product Variety on Automotive Assembly Operation: Empirical Evidence and Simulation Analysis [J]. Management Science, 1999, 45（6）: 771-786.

[170] Ricardo Mateus, J. A Ferreira, Joao Carreira. Multicrieia decision analysis（MCDA）: Central Porto high-speed railway station[J].European Journal of Operational Research, 2008, 187（10）: 1-18.

[171] Ming Miin Yu, Erwin T. J. Lin. Efficiency and effectiveness in railway performance using a multi-activity network DEA model[J].Omega, 2008, 36（6）: 1005-1017.

[172] 曹振新，朱云龙.混流轿车总装配线上物料配送的研究与实践[J].计算机集成制造系统，2006, 12（2）: 285-291.

[173] 黄刚，邵新宇，饶运清.多目标混流装配计划排序问题[J].华中科技大学学报（自然科学版），2007, 35（10）: 84-86.

[174] 苏子林.车间调度问题及其进化算法分析[J].机械工程学报，2008, 44（8）: 242-247.

[175] 范华丽，熊禾根，蒋国璋，等.动态车间作业调度问题中调度规则算法研究综述[J].计算机应用研究，2016, 33（3）: 648-653.

[176] 李豆豆.生产调度的启发式规则研究综述[J].机械设计与制造工程，2014, 43

（2）: 51-56.

[177] 王宝玺，贾庆祥. 汽车制造工业学[M].北京: 机械工业出版社，2007: 120-125.

[178] 戴伯尧. 基于 Plant Simulation 模具生产车间调度策略仿真研究[D].广州: 广东工业大学，2012.

[179] 王雷顶. 面向汽车总装生产线的仿真研究与应用[D].南京: 南京航空航天大学，2016.

[180] 刘伟. 某重卡总装车间多品种混线生产工艺方案优化及设计[D].北京: 清华大学，2013.

[181] 高贵兵，岳文辉，张道兵，等. 基于马尔可夫过程的混流装配线缓冲区容量研究[J].中国机械工程，2013，24（18）: 2524-2528.

[182] 黄鹏，唐火红，何其昌，等.混流汽车装配线缓存区配置优化[J].合肥工业大学学报（自然科学版），2017（9）: 1168-1171 + 1268.

[183] 谢展鹏. 基于候鸟优化算法的有限缓冲区流水车间调度优化研究[D].武汉: 华中科技大学，2015.

[184] 李华. 基于 eM-Plant 的汽车焊装生产线仿真与优化技术研究[D].成都: 西南交通大学，2013.

[185] Nima Hamta, S. M. T. Fatemi Ghomi, F Jolai, et al. A hybrid PSO algorithm for a multi-objective assembly line balancing problem with flexible operation times, sequence-dependent setup times and learning effect[J].International Journal of Production Economics, 2013, 141（1）: 99-111.

[186] Arya Wirabhuana, Habibollah Haron, Muhammad Rofi Imtihan. Simulation and Re-Engineering of Truck Assembly Line [C].Second Asia International Conference on Modelling & Simulation. IEEE Computer Society, 2008, 783-787.

[187] S. Santhosh Kumar, M. Pradeep Ku-mar. Cycle Time Reduction of a Truck Body Assembly in an Automobile Industry by Lean Principles[J].Procedia Materials Science, 2014, 5: 1853-1862.

[188] 乐美龙，于航，张少凯. 装卸同步工艺下的集卡配置仿真研究[J].江苏科技大学学报（自然科学版），2013（6）: 596-601.

[189] Harun Resit Yazgan, Semra Boran, Kerim Goztepe. Selection of dispatching rules in FMS: ANP model based on BOCR with choquet integral[J].The International Journal of Advanced Manufacturing Technology, 2010, 49（5-8）: 785-801.

[190] 陈广阳. 汽车生产线缓冲区设计及排序问题研究[D].武汉: 华中科技大学，2007.

[191] 韩建明. 混合型汽车装配线的重排序方法研究[D].南京: 东南大学，2015.

[192] 黄国安. 基于 Plant Simulation 的汽车混流装配线仿真研究与优化[D].济南: 山东大学，2012.

[193] 何家盼. 多品种柔性化装配线设计与仿真研究[D].苏州: 苏州大学，2014.

[194] 林巨广，武文杰，蔡磊，等. 基于 Plant Simulation 的白车身侧围焊装线仿真与优化[J].组合机床与自动化加工技术，2015（8）: 111-114.

[195] 李爱平，郭海涛. 基于 Plant Simulation 仿真的汽车装配生产系统返修调度分析[J]. 中国工程机械学报，2018，16（1）: 75-81.

[196] 蔡磊. 基于遗传算法的汽车焊装线平衡研究及仿真验证[D].合肥: 合肥工业大学，2016.

[197] 王振江. 作业车间调度属性选择及调度规则挖掘方法研究[D].北京: 北京化工大学，2016.

[198] 安玉伟，严洪森. 汽车同步装配线生产

计划与调度集成优化[J].控制与决策，2011, 26（5）: 641-649.

[199] Min Liu, Cheng Wu. Genetic algorithm using sequence rule chain for multi-objective optimization in re-entrant micro-electronic production line [J].Robotics and Computer-Integrated Manufacturing, 2004, 20（3）: 225-236.

[200] Hong-Sen Yan, Qi-Feng Xia, Min-Ru Zhu, et al. Integrated Production Planning and Scheduling on Automobile Assembly Lines[J]. IISE Transactions, 2003, 35（8）: 711-725.

[201] Vinodh Sankaran. A particle swarm optimization using random keys for flexible flow shop scheduling problem with sequence dependent setup times[D].Clemson University, 2009.

[202] Grangeon N, Leclaire P, Norre S. Heuristics for the re-balancing of a vehicle assembly line[J]. International Journal of Production Research, 2011, 49（22）: 6609-6628.

[203] Liu Ai Jun, Yang Yu, Liang Xue Dong, et al. Dynamic Reentrant Scheduling Simulation for Assembly and Test Production Line in Semiconductor Industry [J]. Advanced Materials Research, 2010, 97-101: 2418-2422.

[204] Luis Pinto Ferreira, Enrique Ares Gómez, Gustavo C. Pelaez Lourido, et al. Analysis and optimisation of a network of closed-loop automobile assembly line using simulation[J]. International Journal of Advanced Manufacturing Technology, 2012, 59（1-4）: 351-366.